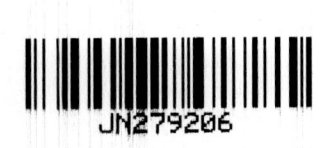

「脳力《のうりょく》」がぐんぐん伸びる！

やさしいそろばん入門

和田秀樹

監修　堀野晃

瀬谷出版

※この本は、主に家でそろばんをはじめて学ぶ子どもたちのために、著者が書きおろしたものです。そのため、珠算教室で学ぶ順序や内容と異なる場合があります。

はじめに

この本は、なるべくたくさんの子どもにそろばんに親しんでもらおうと思って書いた本です。楽しいキャラクターたちがやさしく、そろばんのやり方を教えてくれます。

電卓どころかパソコンが当たり前の時代ですが、私は、**そろばんは、とてもすばらしい能力（それ以上に“脳力”）開発ツール**と思っています。

私自身も経験したことですが、そろばんというのは、練習するうちにどんどん計算が速くなっていきます。もちろん慣れということもあるのでしょうが、常日頃単純なたし算、引き算、かけ算などを行っていくうちに、そろばんを使わないときの計算も速くなるのです。そして、最後には頭の中にそろばんが浮かんでくるようになり、信じられないような暗算ができるようになるのです。

このようにおそろしく計算が速くなったり、そろばんが頭に自由に浮かぶようになるのも**子どものうちの特権**かもしれません。子どものうちであれば、周囲が英語を話す環境にいるだけで英語が話せるようになるように、そろばんを真剣に練習していると、そろばんが頭の中に入ってしまうのでしょう。

指を速く動かすことが脳にいいことは以前から指摘されてきましたが、最近になって脳科学が進歩して、どんな課題をしているときに、脳のどこの部分がどのくらい活性化するかがわかるようになってきました。わが国における、その研究の第一人者である東北大学の**川島隆太教授**らによって、単純な（簡単な）計算をしているときと、音読をしているときが、意欲や創造性、そして感情のコントロールをつかさどる前頭前野がいちばん活性化されることが明らかにされたのです。これは図形のレベルの高い問題をあれこれ考えるときより、はるかに活性化されるのです。

そろばんでは、常に単純計算のくり返しを行います。これが予想以上の**脳のトレーニング**となり、**意欲も高く、創造力もあり、そして感情を上手にコントロールできる子どもを育てる**のです。

学力低下が叫ばれる今、読み書きそろばんの重要性が再び叫ばれるようになってきました。ぜひ、このすばらしい学力再建のツールを使って、これからの**学力向上の基礎**を作ってください。ただし、ひとこと苦言を言わせてもらうと、そろばんで計算が速くなり、脳を鍛えたら、今度は普通の勉強をしっかりやって、最終的に本当に頭のいい子にしてもらいたいということをお伝えしたいと思います。そろばんは重要な基礎を子どもに与えますが、そろばんだけで学力がつくわけではないのです。

最後になりましたが、監修してくださった堀野晃氏にお礼を申し上げます。

2005年8月　和田　秀樹

この本のつかいかた

さんすうのしゅくだい、
いやだなあ。
さんすうって、にがて〜
は〜
ぼくも〜！
けいさん、
きら一い
これ、なんだろ？
モヤモヤ〜〜
けいさんがきらいだって？
よし！
わしが、とくいに
してみせよう！
ボボボン！
わぁっ！
ど、どうやるの〜？
これで、じゃ！
この本
そろばんのようせい・ソロ

おもしろそう！
やりたい、やりたい！
おっほん！
よし、きょうから
いっしょにやろう
やったー！
6
ストップ
ウォッチ
おっと、わすれておった！
これもつかうぞ
7
この本では「ちょうせん！」
というコーナーで
けいさんもんだいをやるんじゃが、
かならずタイムをはかろう。
で、ここにこたえをかく。
それがけいさんがとくいになる
コツじゃ
8
それと、もうひとつ！
力がつくコツや、はやく
けいさんできるようになるコツを
つぎのページに
まとめておいた。
よ～く見ておくんじゃよ
どれ
どれ
9

力がつく！

もんだいのやりかた

「**ちょうせん!**」や「**みとり算《さん》**」のもんだいをやるときは…

1 こたえをまちがったときは、けしゴムをつかわない

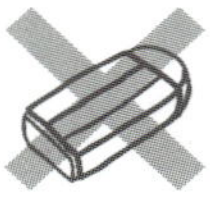

3+5= ~~7~~ 8

そのほうがはやくできるからね！
にじゅうせんでけし、
ちかくにこたえを書きなおそう

2 エンピツをにぎって、玉をうごかそう

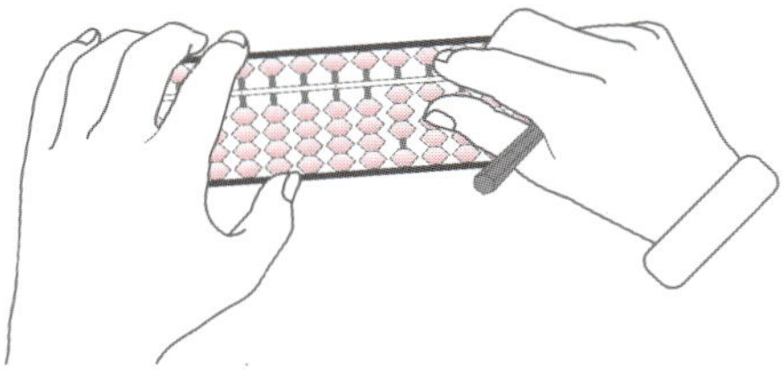

こたえをはやく書くことが
できるからじゃ

3 1問おわったら、すぐサササッとはらって、もとにもどそう

⇨いちいち、そろばんをかたむけてはらう（➡35 ページ）のではなく、つかった玉だけをすばやくはらって、0 にもどします

たとえば　**1+1**

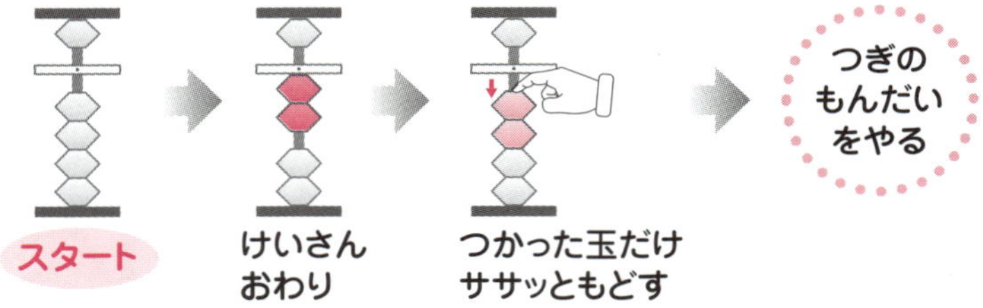

スタート
けいさん
おわり
つかった玉だけ
ササッともどす
つぎの
もんだい
をやる

4 ストップウォッチでかかった時間《じかん》をはかり、タイムらんに書きこむ

「ちょうせん！」のもんだいは、
2かいやろう！

1 かいめ → タイムをはからず、ていねいにやる
2 かいめ → できるだけはやくやり、タイムをはかる

タイム
分
秒

※①検定試験ではけしゴムを使えます。②大きな数のときは、そろばんをかたむけてはらうほうがはやくできます。

もくじ

「脳力」がぐんぐん伸びる!
やさしい
そろばん入門

もくじ

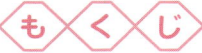

3 ひき算にちょうせん！

4 いろいろな計算をしてみよう！

こたえ

きろくグラフ

おぼえよう！

プロローグ

私がそろばんをすすめる理由

子どもの未来のために――
おとうさん、おかあさんたちへ

「そろばん力」こそ、ぼくの原点

ぼくは「そろばん大好き少年」だった

ぼくがそろばんを始めたのは、小学校3年生のときのことです。きっかけは「親にすすめられて」というものでしたが、始めてすぐに夢中になりました。

今でも、あのそろばん教室のいすに座ったときの心地いい緊張感、パチパチとリズミカルな音を立てて玉をはじいていく楽しさ、答えがピターッと合ったときの快感などが、あざやかに思い出されます。

それくらい、ぼくにとって**そろばんは楽しく、同時に「その後のぼく」を決定づける**ものとなったのです。

「その後のぼく」というのは——。

灘《なだ》中に5番で合格、灘高を経て、東大に現役合格。卒業後は医師（精神科医）として勤めるかたわら私塾や通信教育ビジネスを運営し、東大ほか、いわゆる有名大学に生徒たちを送り出すようになり、自分が編み出した勉強法を本にまとめる。それがベストセラーになって、現在、年間50冊以上の本を書くようになった。

——これが、今にいたるぼくです。

子どもたちの教育に関する執筆や講演も、今ではぼくの中心的な活動のひとつとして定着しています。

こんなふうに書くと、「さぞ優等生だったんでしょうねぇ」などと言われたりするのですが、とんでもありません。

それどころか、事実は反対。最初に入学した小学校（公立）はなじめなくて、途中でやめてしまったほどです。

勉強の出来もふつう、でした。ふつうより少しはできたけれども、特段抜きん出る感じではなかったのです。「並の上」というところでしょうか。

それが**一変したきっかけが、そろばん塾**でした。３年生になるとき、たまたま引越した先にそろばん塾があり、そこで親にすすめられて行き始めたのです。

やったことがある方はわかると思うのですが、そろばんには**一種独特のゲーム感覚の面白さ**があります。当時のぼくもあっという間にはまり、10級からスタートして、１年足らずで一気に３級まで駆け上がりました。

このゲーム感覚には、ぼくならずとも、**はまる子どもたちはきっと多い**と思います。

そろばんは、ルールは単純、やり方もすぐに指が覚えてしまいます。あとはもう、やるたびに上達していくのが自分でもわかるし、桁数《けたすう》の大きい計算もあっという間に答えが出せるようになる。それも、そのうち暗算でできるようになるんです。

学校でやっているのよりも、ずっと難しげな計算をスラスラと解けてしまう自分。

何とも言えない快感です。

今のテレビゲームや携帯式のゲームに夢中になっている子どもたちを見ていると、考えるよりも速く、大変なスピードで操作していますが、この子たちも「そろばんをやれば、面白いうえに、びっくりするほど計算力がつくのになぁ」と残念に思うこともしばしばです。

そろばんは、やればやるほど、計算力がつきます。

ますます速く、ますます桁数の多い計算、複雑な計算ができるようになっていく。それがやるたびに体感できる。

この快感、達成感は、子どもを夢中にさせるのに十分な力を持っています。

そしていつの間にか**自然と身についた計算力が、後々、さまざまな学習面で役立ち、大きな実を結ぶ**のです。

● そろばんのおかげで灘中に５番で合格！

そろばんを始めて、何か月たったころでしょうか。

不思議なことに、ある日突然、頭の中にそろばんが浮かぶようになったのです。人からそういう話を聞いてはいましたが、自分にも起きたときには「やったー！」と思いました。

頭の中のそろばんをパチパチとはじく。すると、あっという間に答えが出ます。

すでにかなりの暗算力がついてはいたのですが、こうなると、3けた×3けたの計算もすぐに答えられます。面白くてたまりませんでした。

ところが、ここでまた転機が訪れます。翌年、4年生の半ばにまた父の転勤で引っ越すことになり、そこにはそろばん塾がなかったのです。

がっかりしましたが、しかたありません。

かわりに、算数の塾に入りました。

当時、その地域では**中学受験**が盛んになってきていて、塾がはやっていました。同級生にならって、ぼくも行き始めたわけです。

その後、小学校6年生で他の科目もやる名門受験塾に移ったのですが、これは中学受験のスタートとしては、当時としても**異例の遅さ**でした。ほかの受験生の子たちより、1年くらいは遅かったのです。

それでも、あっという間に追い上げ、どんどん他の子を追い越していって、**灘中に合格**。それも、なんと**5番で合格**したのです。

実を言うと、模試では1番を取ったこともありました。得意科目はもちろん算数。6年生のときには、1年間に8回、数千人が受ける中学受験用の模試を受けたのですが、算数の8回の合計点は796点でした。

同級生よりも何周も遅れてスタートを切ったぼくが、なぜこんなにどんどん追い上げ、合格まで一気に駆け抜けることができたのか？

それは、**計算がずば抜けて速かったから**、なのです。

もちろん、そろばんのおかげです。

そろばんで鍛えた計算力。

とにかく計算が速かった。しかもミスしない。**そろばんで身につく計算力の特長は、正解率の高さ**にもあるのです。

ぼくがそろばんをやっていたのは結局わずか1年でした。しかし、この1年があったからこそ、それがベースとなって、中学受験を突破できたのです。

きわめて高い正答率で、速く計算できるようになる。これは何も「ぼくだから」ではありません。そろばんをやっていれば、自然と身につく力なのです。

なぜ、そろばんができると有利なのか？

そもそも、計算が速いと、なぜそんなに有利になるのでしょうか？

それは小学校までの算数というものが、**徹底して四《し》則《そく》（たす、引く、かける、わる）が中心**だからです。

小学校時代は、「計算ができる子＝算数ができる子」という図式が成り立ちやすいのです。

また、算数であれ数学であれ、問題を解くときは、基本的に四則の計算の積み重ねで導き出します。どんな複雑な問題でも、です。

したがって、途中の計算に費やす時間が短くてすめばすむほど、**全体を解くのに必要な時間が少なくてすむ**。

また、途中の計算が正確なほど、**正答にいたる確率も高まる**。

だから、有利になるのです。

さらに、計算が速い子には**「試《し》行《こう》力《りょく》」**が身につきます。

「試行力」というのは、問題を解くときに、まず「Aという解き方」でやってみる。ところが途中で、「このやり方では解けないぞ」と気づいたとします。そのときに、そこであきらめてしまわず、すばやく「それでは、別の解き方Bでやってみよう」と、別の作戦に切り換える。こんなふうに「試行」する力のことです。

計算力がある子は、「じゃあ、解法Bでやってみよう」と、すぐに切り換えることができます。もう一度計算し直すことになりますが、計算力があるので、おっくうに感じないわけです。

ところが計算力がない子は計算がめんどうだと思っているうえ、解法Aでやっている間の計算にてまどって時間も使ってしまっていますから、なかなか「じゃあ、解法Bを試してみよう」とはなりません。腰が重たくなってしまうのです。

この「試行力」は、学年が上がるほど、重要になってきます。

実は「Aがダメなら、Bを試してみよう」という、この「試行力」こそ、**勉強がで**

きる・できないに直結する力のひとつなのです。
もっと言えば、「試行力」が決定的に重要になってくるのは、勉強や受験においてだけではありません。如実《にょじつ》に差が出てくるのが、**社会人になってから**です。
どんな職業であれ、実力をつけるためには、あるいは一定の成果を出すためには「試行力」というものが不可欠だからです。

さらに、**シミュレーション力**。
「Aの場合だと、～になる」「Bの場合だと、～になる」、あるいは「Aの割合だと、～になる」と、選択肢によってシミュレーションする力があるか。
一般に、これが次から次へと頭の中でスムーズに展開できる人ほど、**ビジネスでは「できる人」と評価**されます。特にこれからの時代は、ますます「シミュレーション力」がある人が強いというのは間違いありません。
なぜならば、かつてなく、社会情勢も経済情勢も流動的になっているからです。大企業に入れば安心、学歴があれば安心、そうした固定観念が通用しない時代、「こうすれば、確実にこうなるはずだ」という前提でビジネスをしている人が行き詰まる時代だからです。
逆に、いろいろな場合を想定して計算し、臨機応変に手を打っていける人が強い。この傾向は今後も続くはずです。

この「シミュレーション力」もまた、計算に強い人ほど備わっています。言うまでもなく、「Aならば、～となる」と「場合分け」していく**論理的な思考力**は数学的なものですし、ビジネスではシミュレーションする場合、パーセンテージや割合、金額、ロットなど、数字がカギとなる場合がほとんどだからです。

● 勉強法を変えれば成績は必ず伸びる

さて、もう少し、ぼくのそろばん体験の話を続けましょう。
灘中に5番で受かった12歳のぼく。
そのあと、どうしたと思いますか？

――中学に入ったとたん、猛烈に遊び出したんです。

念願の合格を果たしましたし、そのころはもう「自分は勉強ができるんだ」と、テングになっていましたから、勉強する必要を感じなくなっていたんですね。

その結果、成績は急降下。中１の終わりころには、170人中120番くらいまで落ちてしまいました。

無理もありません。当時の灘中は、中１で中３までのカリキュラムをほとんど終わらせてしまうような学校でしたから、同級生たちはみんな入学後もそれぞれ一生懸命、勉強を続けていたのです。

そんななかで、やっていなければ落ちるのは当然のことでした。

さすがのぼくも、そこまで落ちると、「どうにかしなくちゃ」と思いました。そして、自分なりに考え抜いて出した結論。

それは、「ぼくは生まれつき頭がよくないんだ。親だってたいしたことないし」という、今思うと、なんとも親不孝なものでした。そして、「だったら、“誰でもやればできるようになる科目”だけをやろう」と思い至ったのです。

その科目とは英語です。主要科目で、やればやっただけ、覚えれば覚えた分だけ得点や成績に結び付くと思えたのは英語だったからです。それからはもう英語しかやりませんでした。

だから、**高２までは数学は徹底して劣等生**でした。

なぜ、高２までなのか？

それは、高２で**「暗記数学」**という独自の勉強法を編み出し、**劇的にはい上がることができた**からです。

「暗記数学」という勉強法に切り換えたぼくの成績は一転、急上昇し始め、**現役で東大理科Ⅲ類に合格**を果たしました。その後、やはり同じく劣等生だった（というのも何ですが）弟にも同じ勉強法を試させたところ、**東大文科Ⅰ類に現役合格**。

その後も、この勉強法を生かして、ぼくは**医師国家試験に合格**、弟は**司法試験に合格**。さらに、その後、受験勉強法の通信教育「緑鐵舎《りょくてつしゃ》」を運営するようになってからは、東大をはじめ、難関といわれる大学に数千人の生徒たちを送り出してきました。

「成績が上がらないのは、頭が悪いからじゃない。勉強法が悪いからだ」

「東大に入るのに、特別な頭のよさなどいらない」

これは、ぼくが初めて本を書いたときから一貫して言い続けてきたことです。

そのたびに、「何言っているんだ」とか「現実離れしたきれい事を言っている」などと反発されるのですが、でも、これはまぎれもない**ぼくの実感**なのです。

能力は、勉強法ひとつで、驚くほど伸びる。成績がガラリと変わる。

これをぼくは身をもって経験してきたのです。

ぼくが「暗記数学」を編み出し、その劇的な効果を体験した基本にあるのは、やはりそろばんで鍛えた計算力です。

「暗記数学」というのは、どういうものか、ごくごく単純に言うと、数学の問題には解法のパターンがある。だから、問題が解けないときは、まず先に解答・解説を見て理解し、覚えてしまおう。そうすれば、解法パターンのストック（在庫）が頭の中にどんどんたまっていく。すると、次に同様の問題が出たときには必ず解けるし、複数の解法を組み合わせた難しい問題（応用力が試される問題）も解けるようになる——というものです。

四苦八苦して自力で解くことにこだわらない。それよりも、効率よく「解き方」を身につけよう。そのために、答えと解答を先に見てしまおう、というわけです。

ふだんの勉強は、テストとは違います。「正解すること」ももちろん大切ですが、「解き方」を身につけることのほうがはるかに重要なわけです。

考えてみれば、これほど合理的なやり方はないはずです。ところが、一般に“暗記科目”といわれる英語や社会ならいざ知らず、「数学で暗記する」という逆転の発想に基づいているせいか、初めて聞いた人はたいてい半信半疑。中には、頭から批判してかかる人もいます。

しかし、実際にやってみれば、その高い効果を遠からず実感できるはずです。

実は、この「暗記数学」も、**計算力があると圧倒的に有利**です。なぜなら、解答・解説を見ているとき、途中の計算過程がスッスッスッと目で追えるからです。つまり、スッスッスッと理解できる。だから、計算力の中でも「暗算力」があると、なお有利です。

そして、言うまでもなく、**「暗算力がつく」というのは、そろばんの最大の特長**です。

そろばんは、ぼくの原点です。

40歳を超えた今もなお、そろばんがくれた**自信**や**学ぶことの面白さ**などが、**ぼくの血肉となって支えてくれている**ことを感じています。

やっぱり「読み・書き・そろばん」！

なぜ、今、子どもたちにそろばんをすすめるのか？

端的に言うと、そろばんが子どもと相性のいい学習素材だからです。やらないなんて、もったいない、と思うからです。

どんどん難しい計算が、どんどん速くできるようになるのが、体でわかる。これが子どもには抜群に面白いのです。

昨日より今日、今日より明日。**自分が伸びていくことを実感する面白さ**。これこそ**真の学習意欲につながる**ものだと思います。

ただ、親御さんが忘れてはならないと思うのは、**そろばんは基礎力をつけるもの、脳のベースを鍛えるもの**だということ。だから、**「基礎力がついたあと、どうするか？」**について考えることも、とても重要なのです。

ぼくの場合、それは中学受験でした。そろばんというステップがあったからこそ、うまくジャンプすることができて「合格」を手にし、その後、理数系に進んで精神科医となることができたのです。

あなたのお子さんはいかがですか？

そろばんで基礎力をつける。そのあとは？

まずは応用力がつく文章題をやらせる、中学受験用の塾に行かせる……、いろいろ考えられるでしょう。

脳を鍛えて、そのあとどうするのか？
鍛えた脳を何に使うのか？

脳を「畑」にたとえると、そろばんをやるというのは、言ってみれば畑をたがやすようなものです。たがやした畑に何を植えて伸ばそうか、そこを考えることなしに、そろばんの真価が発揮されることはないと思います。

そろばんが脳を活性化させる!

● そろばんは脳に効く!

そろばんは脳を鍛えるか?
ぼくの答えはもちろん、経験から言って「イエス!」です。
実際、自分の弟にも、子どもにもすすめて行かせたほどです。

そろばんが脳を活性化する。

これは、さまざまな研究者によっても、すでに指摘されていることですが、その理由として、ひとつにはやはり**指を使う**ことがあると思います。
ピアノや編み物など、指を使う作業は脳を刺激するとか、したがって認《にん》知症《ちしょう》の予防になるという説もあります。そろばんも同様の理屈で脳を刺激するというのは、大いに考えられることです。
右ページの上の図を見てください。これは、「脳のどの部分が、どこの感覚に対応しているか」を表したものです。これを見ると、**「指」が広い範囲をカバーしている**ことがわかります。指が占める脳の感覚神経の範囲というのは、大変広いのです。

指を使うという点以外にも、**そろばんは、いろいろな形で脳に刺激を与える**可能性が高いと言えます。
たとえば、そろばんの基本は**単純な計算の繰り返し**にあります。単純計算や音読が脳を活性化させることは、東北大学の川島隆太教授の研究によって明らかにされています。陰山英男先生(立命館小学校校長)たちが実践されている百ます計算も、単純計算だからこそ、脳を活性化させる効果があるわけです。
陰山先生は、最近ではそろばんも取り入れ、効果を上げているそうです(⇨24ページ)。
右のグラフは、川島教授の研究によるものですが、このように、**単純計算や音読で脳を活性化させると、そのあとの学習効果が高くなる**のです(計算は速く行わせるこ

大脳半球の前額断面：中心後回における感覚線維の分布

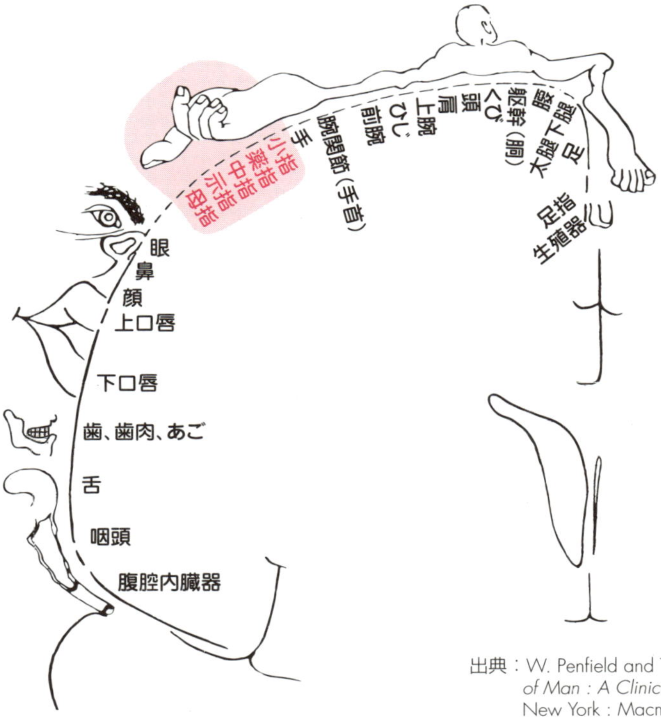

出典：W. Penfield and T. Rasmussen. *The Cerebral Cortex of Man : A Clinical Study of Localization of Function.* New York : Macmillan, 1950 より改変

脳のウォーミングアップ

音読と計算の効果〈健常小学生の心理研究〉

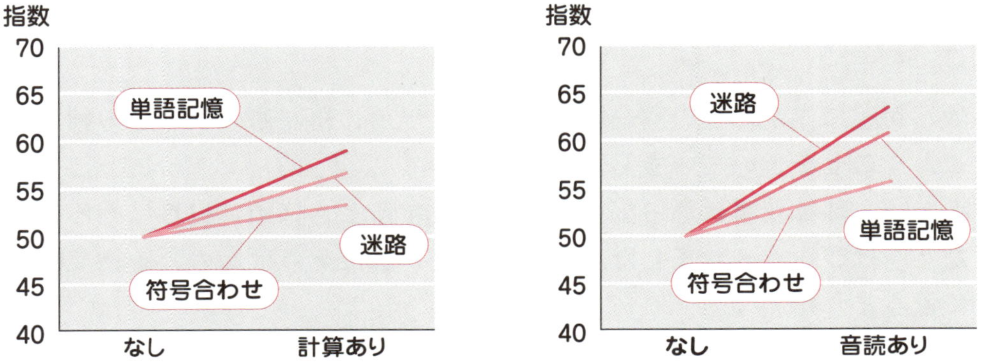

※２分間の計算や音読で、短期記憶力や認知力が 10% から 25% も増加。

出典：川島隆太『子どもを賢くする脳の鍛え方・徹底反復 読み書き計算』（小学館）

とが重要)。

川島教授の著書に、ベストセラーになった『脳を鍛える大人の計算ドリル』(くもん出版)があります。このドリルには、1桁の加減乗の問題が100問並んでいますが、川島教授の調査によると、「健康な成人」で、最初は約2分10秒、トレーニングを続けると約1分40秒くらいまで計算速度が速くなるそうです。しかし、「計算マニア」でも、どんなに頑張っても1分は切れない。

ところが、「算盤《そろばん》の達人で、計算全国一」という高校生がやってみたところ、「(川島教授の)目の前で 1 分間に計140問も解い」たそうです。川島教授は著書の中で「正直たまげました」とユーモラスな表現で感想を書かれています。

そして、「ちなみにこの彼は、129485 × 99624384 なんて煩雑な計算をさくさくと解いてしまいます。こうした煩雑な計算は、単純計算の繰り返しによって解くことができます。　—中略—　彼は、なんでも、問題を見た瞬間に、頭の中にある算盤が勝手に動いて、答えが見えるのだそうです。算盤、恐るべし、です」と続けています。

頭の中にそろばんが浮かぶ。問題を見ると、そのそろばんの玉が動いて答えが見える。

これはすでに述べたように、ぼくにも経験があります。

それでは、そのとき、脳のどこが使われているのでしょうか?

そろばんの熟達者の場合、それは後頭葉だと考えられているそうです。視覚をつかさどるところ、イメージする力を担当する部分です。

つまり、**そろばんは計算力だけでなく、脳を全体的に活性化させるうえ、イメージする力も鍛えてくれる**、とうわけです。

そろばんが頭に浮かぶという経験について、以前、落語家の立川志の輔さんが毎日新聞にこんなことを書いていました。

「(子どもの頃、珠算教室に通っていて)暗算をするときに頭に自然にそろばんの絵が浮かんだときはびっくりしました。頭の中に描かれたそろばんの玉を指で動かしている自分に驚きました」

そして脳生理学の理論を紹介しながら、そろばんは**「集中力、暗記力」**を鍛えてくれること、実際、自分がセリフを覚えるのが速いのも、そろばんで鍛えたイメージで記憶する力のおかげだと思っていることに触れていました。

さらに、今の子どもたちに向かって「想像力を育む楽しさ、愉快《ゆかい》な気持ちを味わうことなく大人になったら、つまんないよ」、そして「さあ、どうですか、お父さん、お母さん。金より物より、想像力を与えてやれるなんて、素敵なことじゃありませんか」と、そろばんの良さを語りかけていました。

そろばんが潜在能力を引き出してくれる

そろばんの良さは、立川志の輔さんではありませんが、**今の子どもたちにはない部分を補充してくれる**という点が確かにあると思います。

たとえば、今の子どもたちは、落ち着きがないとか、手先が不器用でナイフなどとても使いこなせない、こらえ性がないなどとよく言われますが、これは子どもたちを取り巻く環境にも原因があるのではないでしょうか。

ゲーム、テレビ、携帯、メール——、子どもたちが1日何時間も費やすこれらは、どれも寝ころんだり歩いたりしながらできるものばかり。携帯型のゲーム機に入れて使う学習ソフトも、よく売れているそうです。

軽い・小さい・持ち運びやすいといった「携帯性」に優れていることが、昨今はヒット商品の共通点となってもいます。

それがいけない、とは言いません。しかし、きちんと机に向かって、落ち着いてひとつのことに集中する。この習慣を子ども時代に身につけることは、学習面のみならず、心の発達、社会性の発達、その他さまざまな点からきわめて大切なことだと思います。

そろばんをやるときは、当たり前ですが、まずは座って机に向かわなくてはなりません。背すじも自然とすっと伸びます。

きちんと**机に向かう習慣**が自然と身につく。
ひとつのことに**集中する力**が自然と鍛えられる。

この2点だけを取っても、**子ども時代にそろばんに触れる効用はきわめて大きい**のではないでしょうか。

また、そろばんは、ルールや基本をきちっと押さえたり、習熟していくうえで、**忍**

耐力が必要なときがあります。グッとこらえて辛抱して、乗り越えなくてはならない局面がある。でも、越えたときの**ゆかいさ**、「やったぞー！」という**達成感は格別**です。

これは、実は勉強そのものの特徴でもあります。勉強、学ぶということに必ずついてまわることです。

つまり、そろばんは間違いなく学ぶ力、いわば**「学習力」**を伸ばしてくれる。これは一生、その子にとって宝になります。

なぜならば、「学習力」こそ、その子が**伸び続けていく原動力**となるものだからです。潜在的にいくら能力がある子でも、学習力がそなわっていなければ、伸び続けていくことはできません。

受験や入社試験、さらには社会人として働くようになってからも第一線で活躍するためには、「学習力」がカギをにぎっています。それだけではない。何よりも、「上手に学ぶ力」というものがあると、その子の人生そのものが豊かになります。何歳になっても、どんな環境にいても、生き生きと自分らしく生きていくのに必要な糧《かて》を常に取り込む力がそなわっているからです。

※川島教授の引用は『天才の創りかた』（講談社インターナショナル刊）より

コラム　**陰山英男**先生「小学校でもそろばんを取り入れています」

１年生にかなりの時間をとってそろばんの指導をしています。「え？　１年生にそろばんなんてやらせてるの？」と言われそうですが、これが**効果抜群**なんですよ。

僕は自分の講演会で、よく参加者に「百ます計算」をやってもらうんですが、必ずなぜか数人、ものすごく早く終わってしまう人たちがいました。聞いてみると、その方たちは皆さん、そろばん経験者だったんです。子どもでも、そろばん教室に通っている子は、やっぱり速い。**圧倒的な計算力**です。そういう子どもは、ほかの子どもよりも落ち着いているというか、しっとりしています。**自分に自信があって、成長しているということが何かオーラみたいなものになって出てきている**、そんな感じでした。そろばんには**他の教具にはないシンプルさ**があります。十進法というものを、非常にうまく体現した道具で、迷いのない道具なんですね。そして何より、**そろばんの計算力は、「百ます計算」よりも上**です。**取り入れないのはもったいない。**

出典：『NEW 教育とコンピュータ』（学研）2005 年 5 月号
（※太字は瀬谷出版編集部による）

そろばんはこんなふうに学ぼう！

● そろばんは２つ用意する

この本は、基本的に親と子どもが一緒に取り組むことを前提に作ってあります。

ですから、家にそろばんがない方は、そろばんを２つ用意してください。親の分と子どもの分です。もしも近くの文房具店に置いていない場合は、インターネットで購入することもできます（⇨30ページ）。

そろばんを習ったことがないお母さん・お父さんでも、心配せずに取り組めるように工夫をこらしたつもりです。ぜひ一緒に並んで机に向かい、次の３つのポイントに気をつけながら進めてください。

ポイント① **ストップウォッチでタイムを計る**
ポイント② **どんどん声に出す**
ポイント③ **子どもとのコミュニケーションに熱心になる**

ポイント① ストップウォッチでタイムを計る

これは、①そろばんの楽しさを実感する、②「できるようになった！」という達成感を子どもが味わえるしかけを用意するという、主に２つの目的によります。

タイムを計るのは、子どもにとってプレッシャーではなく、**大きな楽しみ**になります。

「今日もがんばるぞー！」と、気合いが入る。気合いは、集中力の発揮に直結します。いわば、**集中力のスイッチ**なのです。

集中すれば、子どもですから、自然とタイムが上がっていきます（そろばんは手作業ですから、やっているうちに慣れて確実に速くなるという面もあります）。すると、達成感が得られる。自信がついて、ますますやる気が出る。

子どもの力を伸ばしたかったら、「①達成感を味わう → ②やる気が出る → ③結果

が出る → ①達成感を味わう→……」というサイクルをつくり出してしまうのがいちばんです。これは、なにもそろばんに限ったことではありません。勉強はもちろん、スポーツでも何にでも当てはまります。

人間は「自分はできる」「自分は得意だ」と思ったことは嫌いにならない。これは子どもだけでなく、世代を問わず、人間に共通する心理なのです。

自分自身が1年でメキメキ上達した経験から言うと、そろばんの楽しさは、たとえて言うなら、**「自転車に乗る楽しさ」**です。お子さんがいる方はわかると思うのですが、子どもが初めて自転車に乗れるようになると、しきりに乗りたがるようになります。これは、歩くことしか知らなかったときには味わえなかった**スピード感**、運転しているときの**ワクワク感**、さらに**便利さ**を実感するからでしょう。

そろばんも同じです。そろばんができなかったときとは、けたが違うスピード感、ワクワク感が味わえるようになる。どんどん先に進めるし、見える景色も違ってくる。これは楽しいものですし、感動もします。

なお、「できるようになった」という自信をつけるには、ちょっとムリする、ちょっと頑張るということも必要です。

そろばんに限らず、勉強時間は、子どもが疲れない程度にしておくのがひとつの目安ですが、ちょっとはムリをしたほうが**かえって達成感が生まれて効果が高くなる**というのも本当なのです。

ポイント② 声に出す

そろばんの問題をやるときは、声を出すようにしてください。とくに最初は、問題をやるときも、小さな声で「3たす2で、5だから、5玉を入れて…」というようにブツブツつぶやくようにします。

また、「おぼえよう！」のコーナーもかならず声に出して覚えましょう。

「学習するとき、声に出す」というのは、子どもの脳を鍛えたい、良くしたい、つまり**能力のいちばんベーシックな部分を鍛えたいというときには、特に大切なポイント**となります。

たとえば、同じ歴史の年号を覚えるのでも、ただ参考書をジーッとにらんでいるよりも、ブツブツ声に出しながら覚えたほうがうまくいく。これは、多くの方が経験したことがあるのではないでしょうか。

そろばんに限らず、基本的に「声に出す」と、脳が活性化されますから、学習効果が上がりやすくなります。

視覚（本を見る）だけでなく、「話す」「（自分の声を）聞く」というように、複数の感覚を刺激することで、脳のあちこちを刺激する。これによって、格段に記憶力が高まる、覚えが良くなるのです。

この本でも、もしも解説のページが理解しにくかったら、実際にそろばんの玉を指で動かしながら、声に出して読んでみてください。ずっと理解しやすくなるはずです。

また、そろばんには、昔から**「読上算《よみあげざん》」**という方法があります。これは、ひとりが数を読み上げ、ほかの人がそれを聞きながら計算するというやり方です。読み上げる人のことを「読み手」といいます。

一方、自分で数字を見ながら、たし算・引き算をしていく方法を**「見取算《みとりざん》」**といいます。

本書では、やさしい問題は見取算でかまいませんが、84～87ページや 116～119ページ のような問題の場合は、時々でもいいですから、親が読み上げてやってください。子どもの計算に対する**集中力がより高まり、効果がより上がりやすくなります**。

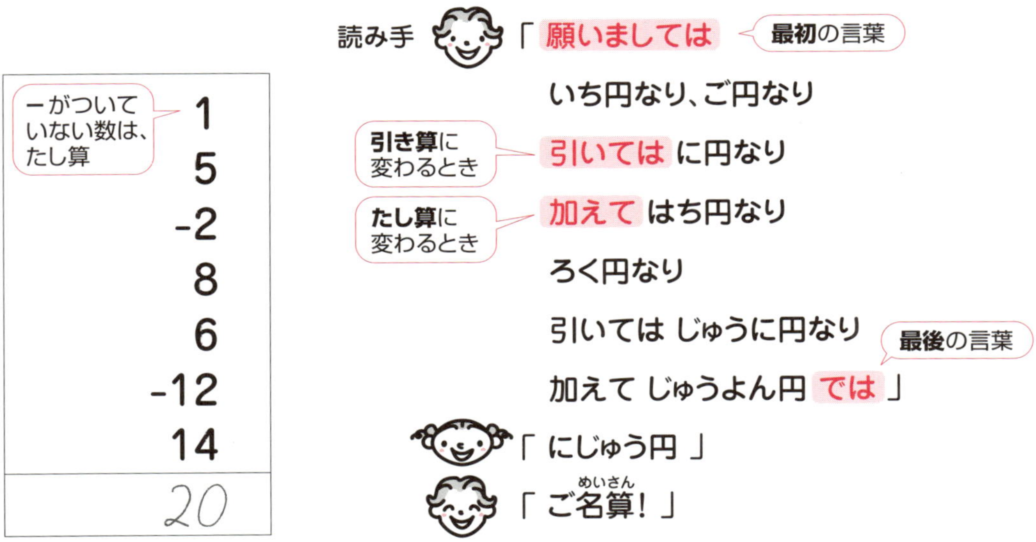

ここでは、「＋」の読み方を「加えて」、「－」の読み方を「引いては」と紹介していますが、これはそろばん教室における一般的な読み方だというだけのことですから、あまりこだわる必要はありません。

本書の趣旨はあくまでも、そろばんで脳を鍛え、計算力やイメージ力を高めようというものです。ですから、「＋」を「たして」とか「たす」、「－」を「引いて」とか「引く」と読み上げてもよいのです。低学年やまだ学校に行っていない子の場合は、「たす」「引く」と読み上げたほうがやりやすい場合もあるかもしれません。

お子さんに合わせて、「読み上げ方のルール」を決めてください。

読み上げ方

最初と最後の言葉

最初 「願いましては……」（「ご破算で願いましては……」）

最後 「……では」

数の読み方

0	読まない	4	よん（×し）	8	はち
1	いち	5	ご	9	きゅう
2	に	6	ろく	10	じゅう
3	さん	7	なな（×しち）		

「＋」「－」の読み方

＋ 「加えて……」 例 ＋52 「加えて 52 円なり」

－ 「引いては……」 例 －10 「引いては 10 円なり」

※「＋」を「たす」とか「たして」、「－」を「引く」「引いて」と読んでもかまいません

その他

- 途中の 0 は、ふつうは読みません
- 同じ数が続くときは「同じく」と言ってもかまいません

ポイント③ 子どもとのコミュニケーションに熱心になる

今の子どもたちの勉強で、いちばん欠けているもの。それは、何だと思いますか？

親子のコミュニケーションです。

子ども部屋や勉強部屋を用意して、そこに机を置き、子どもを放り込む。最悪です。まずふつうの子どもは勉強好きにはなりません。学年が低い子ほどそうです。

「うちの子は勉強しなくて」とか「成績が悪くて」などと**嘆く前に、もっともっと、親が子どもに教えるということをするべき**です。

問題を解いているときにそばに座って、「ここ、違うでしょ」「ここ、よくできたね！」と見てあげる。

そしてできたときには、**親が徹底的にほめ、喜び、声をかけてやる**ことです。

そろばんでも、上達してきたら、「○年生でこんな計算ができるなんてスゴイね」「あなたのクラスでこんなにできる子はいない」と、言葉に出してほめる。親に喜ばれることほど、子どもにとって嬉しく、自信がつくことはないと言っても過言ではないのですから。

少なくとも、子どもの指づかいがスムーズになり、軌道に乗ってくるまでは付き合いましょう。

● 学力低下の時代だからこそ…

ひとつ確実に言えることがあります。それは、新学習指導要領が2002年度から実施され、ますます小学校で計算学習が軽視されるようになっている中にあっては、「ちゃんと計算ができる子」というだけで、**簡単に優等生になれてしまう**ということです。

子どもたちの学力低下を懸念《けねん》する声をよそに、2002年度、文部科学省は新学習指導要領を実施し、それによって国語・算数・理科・社会といった主要科目においては、**教える内容が約3割、授業時間は約2割、削減**されました。

そのため、基礎的な計算学習に当てる時間が激減してしまったのです。

実は、それ以前の1977年から2回もカリキュラムが削減されているのですが、その結果は惨たんたるものです。どうなったか。

2004年末に、経済協力開発機構（OECD）の国際的な学習到達度調査（PISA）の結果が発表され、日本の子どもたちの学力が落ちたことが、特にメディアを通じて報道されました。それまでも新学習指導要領への批判の声は高かったのですが、それを機にいっそう学力低下が問題視されるようになり、「ゆとり教育」路線を改める機運が高まっています。中山文部科学相の「脱ゆとり」発言も続いています。

しかし、1977年以降、長年にわたってゆとり教育を推進してきたツケは、すぐには取り戻せないはずです。

そうした中で、**きちんと計算できる力が鍛えられる**というのは、非常に大きいことです。

そのほか、そろばんには「**位取《くらいど》り**が理解しやすい」「くり上がり・くり下がりなど、**数のしくみ**が理解しやすい」という特長もあります。

また、抽象的な数というものを具体的な玉で表せるので、特に小学校に上がる前の子どもや1年生のように、**数や計算に親しみ始めたばかりの子どもにとっては、数の概念やしくみが理解しやすい**のです（学校で1年生に数の概念を教えるとき、おはじきや棒がよく使われますが、それと同じです）。

もちろん、高学年や大人になってから始めてもいいものですが、幼いころのほうが効果が出やすいとは言えそうです。

なお、そろばんが近くの店では手に入らない場合は、インターネットで購入することもできます。

そろばんが買えるウェブサイト

トモエそろばん ▶ https://www.soroban.com/shop/shop.html

（有）末廣算盤 ▶ http://homepage3.nifty.com/onosoroban/omise3.htm

雲州堂 ▶ http://www.unshudo.co.jp/soroban/index.html

きょうとwel.com ▶ http://www.kyoto-wel.com/shop/S81065/ichiran.html

アマゾン・ドット・コム ▶ http://www.amazon.co.jp（「そろばん」で検索）

1

さあ、そろばんをはじめよう！

1 数のあらわしかた

月　日

それでは1日めをはじめましょう。きょうは、「そろばんでは数をどうあらわすのか」を学びます。

さいしょに、そろばんのなまえをおぼえましょう。とくに大切でおぼえておきたいのは、「1玉《いちだま》」「5玉《ごだま》」「定位点《ていいてん》」の3つです。

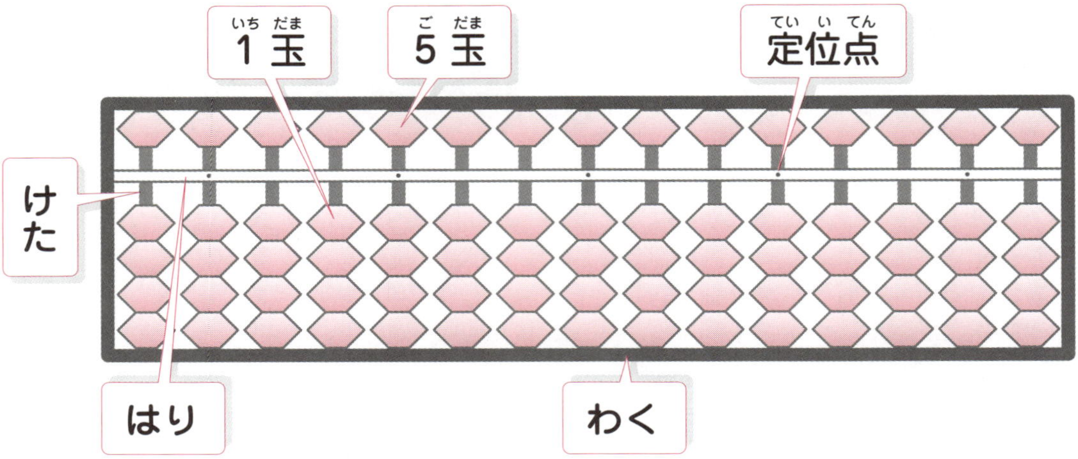

1～4

1玉1つで「1」をあらわします。5玉は1つで「5」をあらわします。じっさいにどうあらわすのか、見てみましょう。

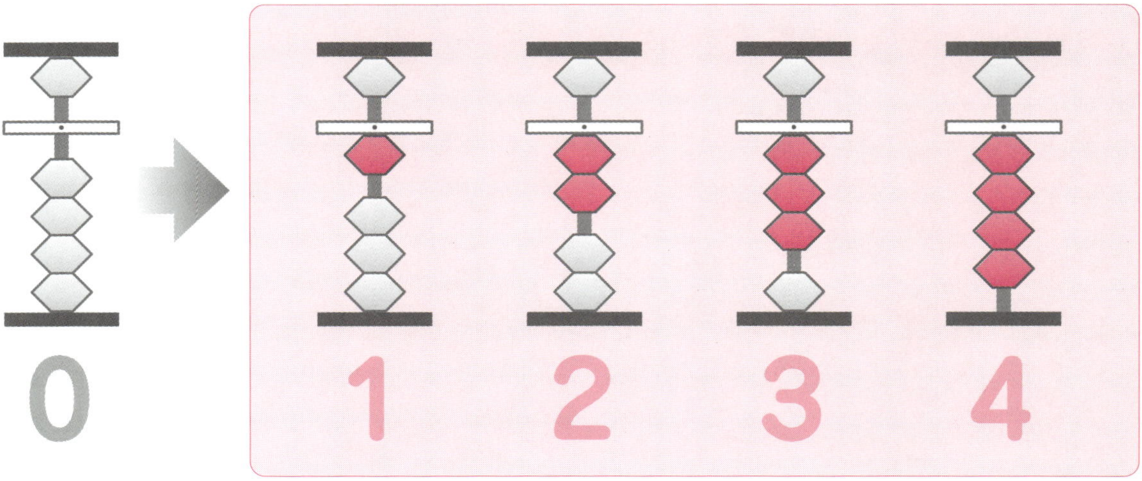

かんたんですね。それでは、つぎは 5 から 9 までを見てみましょう。

☀ 5 ～ 9

5 から 9 をあらわすときは、 5 玉をつかいます。

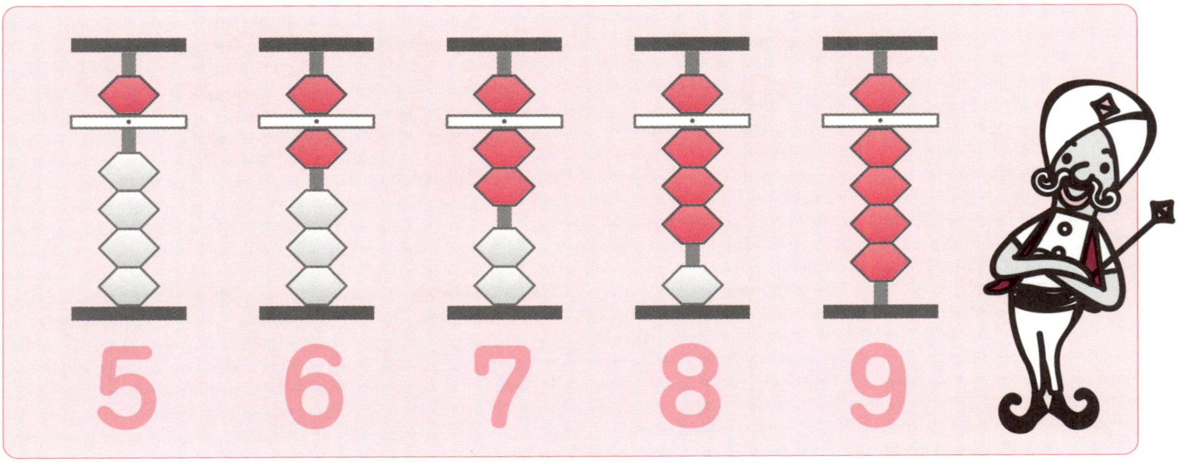
5
6
7
8
9

☀ 10 以上

2 けた以上の数をあらわすときには、大きい位《くらい》からじゅんに、そろばんの玉をおいていきます。

定位点のあるところを一の位にし、左にいくほど位が大きくなります。

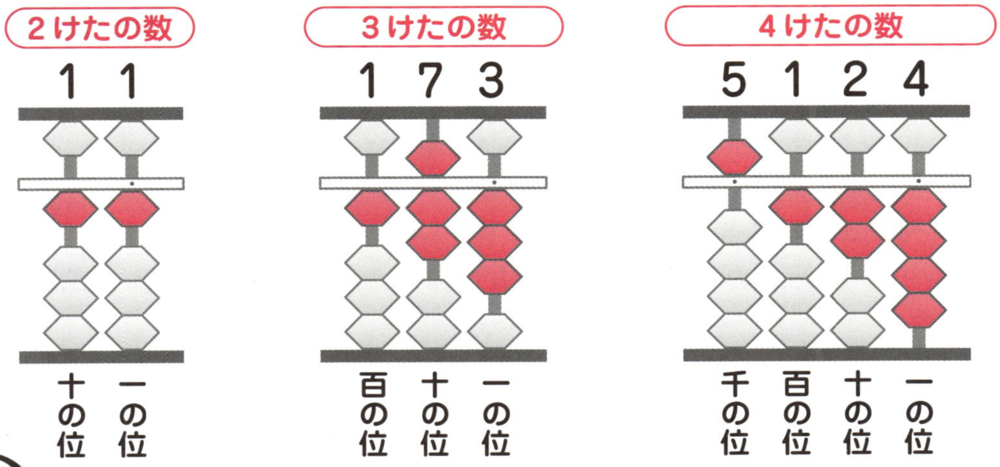
2 けたの数
1 1
十の位 一の位
3 けたの数
1 7 3
百の位 十の位 一の位
4 けたの数
5 1 2 4
千の位 百の位 十の位 一の位

もう、わかったね！
それでは、つぎのもんだいをやってみよう

ちょうせん！

それぞれ、いくつをあらわしていますか？　(　)に数字をかきましょう。

①
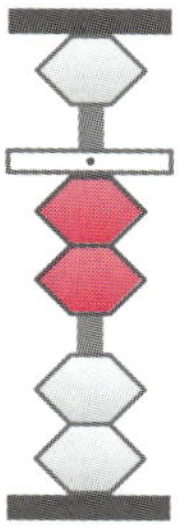
(　　)

②

(　　)

③
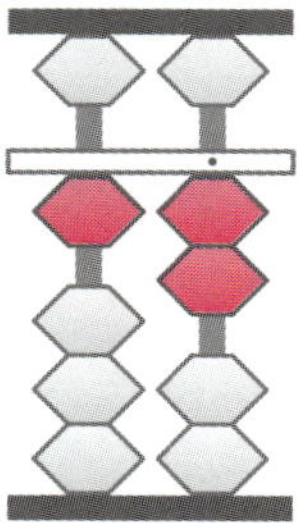
(　　)

④
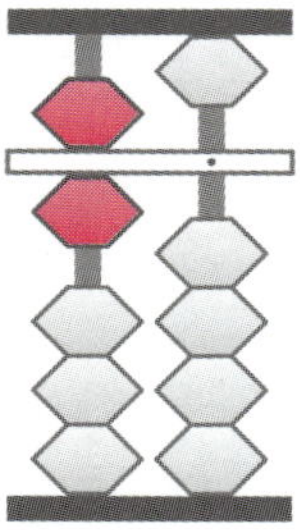
(　　)

⑤
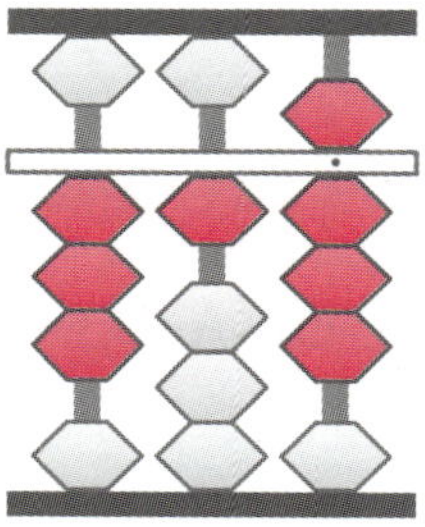
(　　)

⑥
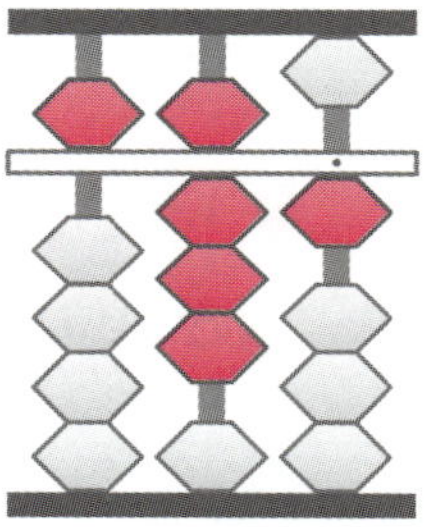
(　　)

こたえ

①2　②6　③12　④60　⑤318　⑥581

ここまで見てきたのは４けたまでの数ですが、あとは５けたでも６けたでも同じです。定位点があるところが一の位、その左が十の位で、百の位、千の位…と上がっていくだけです。

さて、そろばんでは、計算に入るまえに、つぎのようにしてじゅんびします。

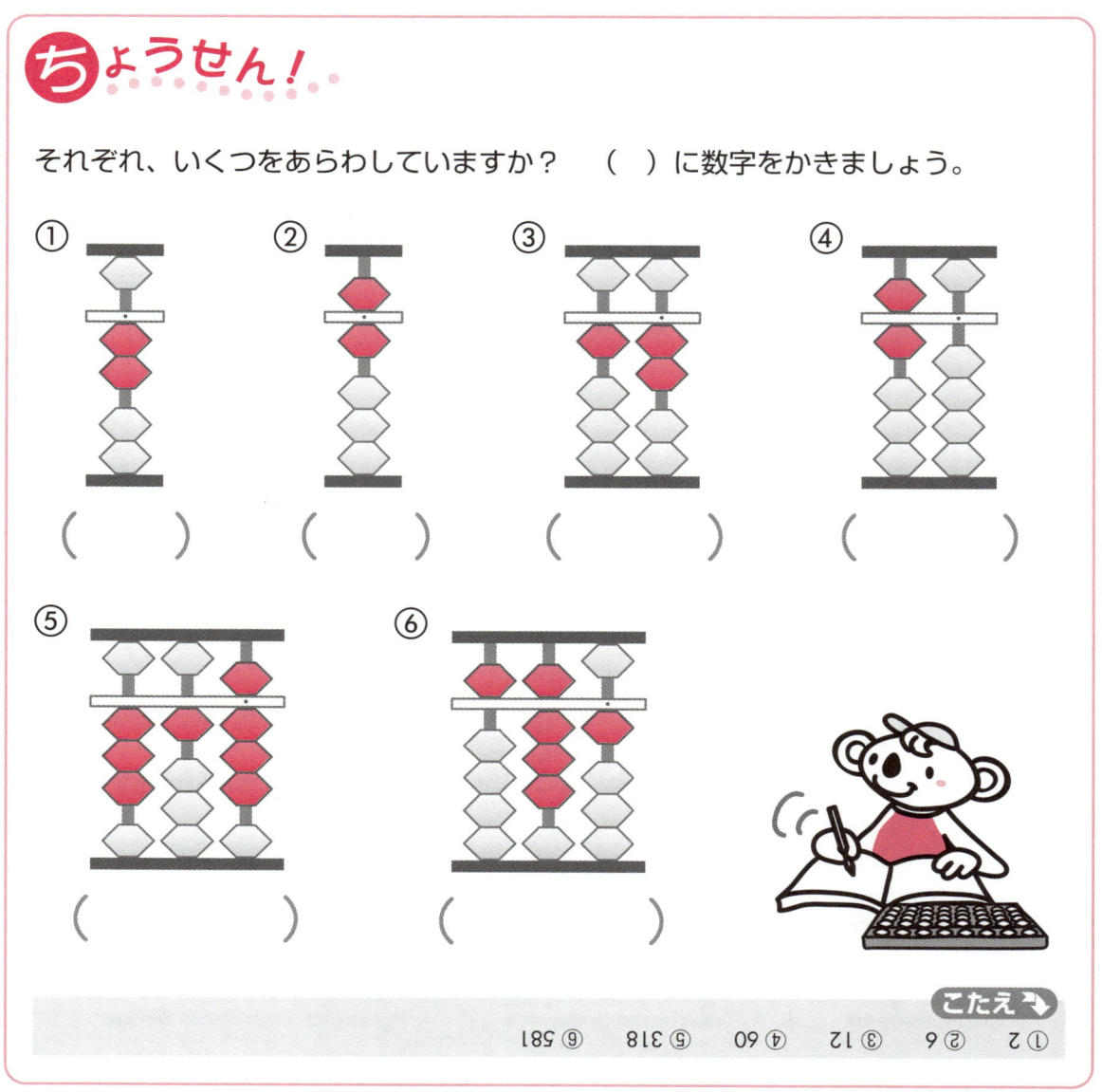

ルール! 計算のようい

①そろばんのりょうはじをもって手前《てまえ》にすこしかたむけます。すると、玉がぜんぶ下がりましたね。そうしたら、そのままそろばんをつくえにおきましょう。

②左から右へ、5 玉の下をひとさしゆびのツメをすべらせて、5 玉をぜんぶ上げます。

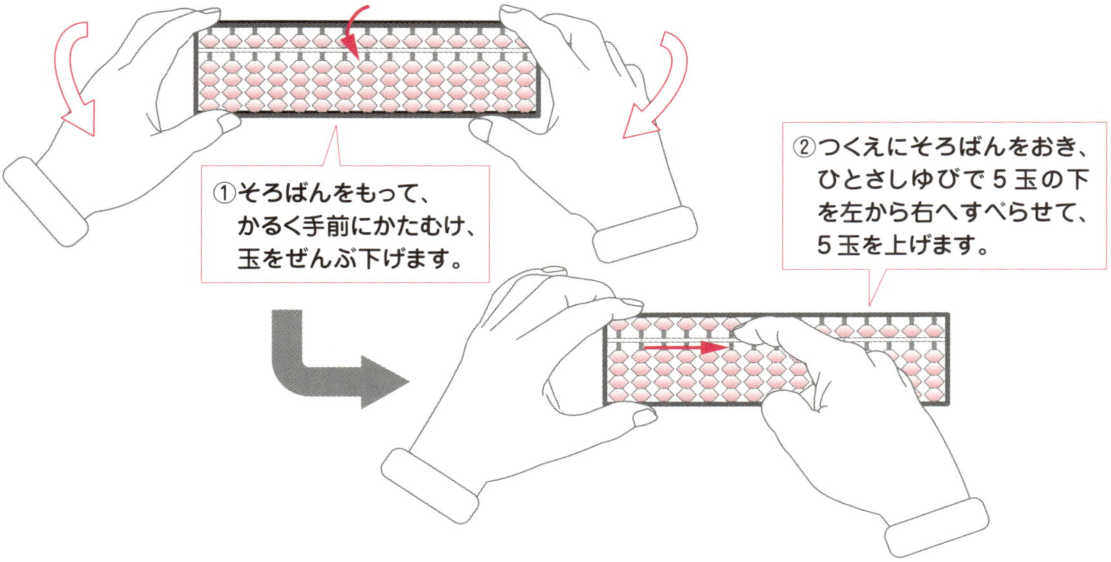
①そろばんをもって、
かるく手前にかたむけ、
玉をぜんぶ下げます。
②つくえにそろばんをおき、
ひとさしゆびで 5 玉の下
を左から右へすべらせて、
5 玉を上げます。

こうすると、そろばんが下のようになります。できましたか？

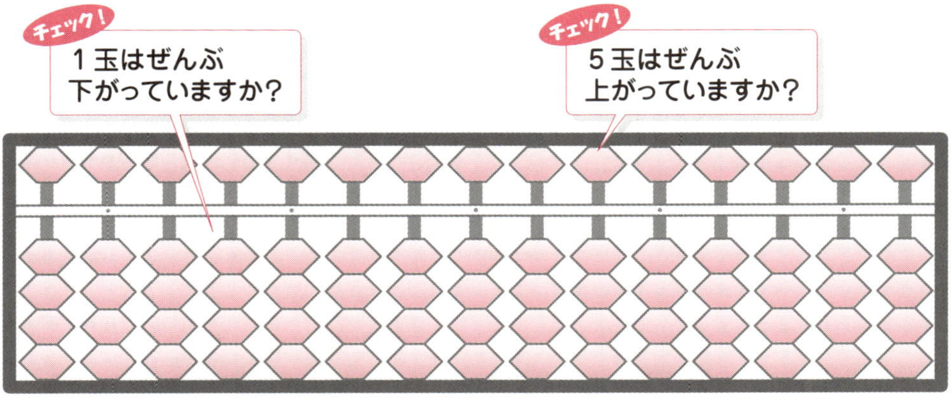
チェック!
1 玉はぜんぶ
下がっていますか?
チェック!
5 玉はぜんぶ
上がっていますか?

じゅんびができたら、いよいよそろばんの玉をうごかしてみましょう。

つかうのは、おやゆびとひとさしゆび。のこりのゆびは、かるくにぎってまるめておきます。はんたいの手は、そろばんのはしをかるくおさえます。

ルール！ ゆびのつかいかた

＋ ふやすとき

1〜4

⇨ **おやゆび** をつかう

● **1** をふやす

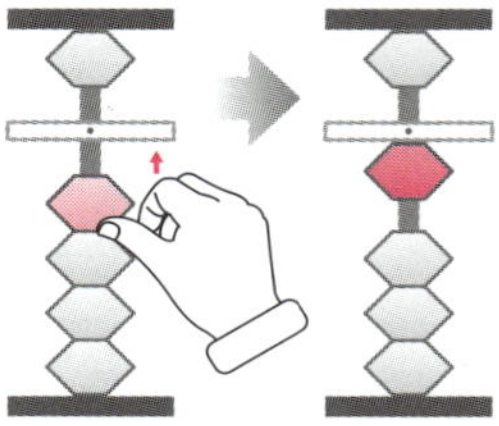

● **2** をふやす

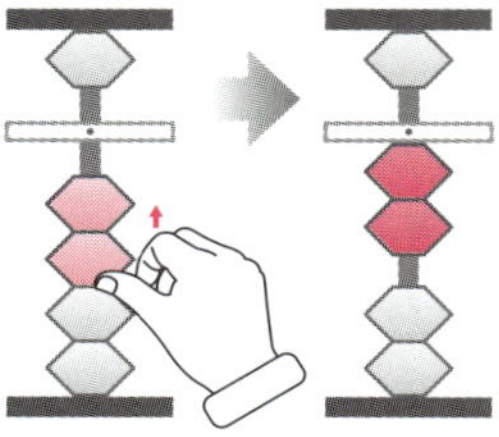

玉はまとめて
うごかすのよ！
１つ１つうごかしていると
計算がおそくなるから

5

⇨ **ひとさしゆび** をつかう

● **5** をふやす

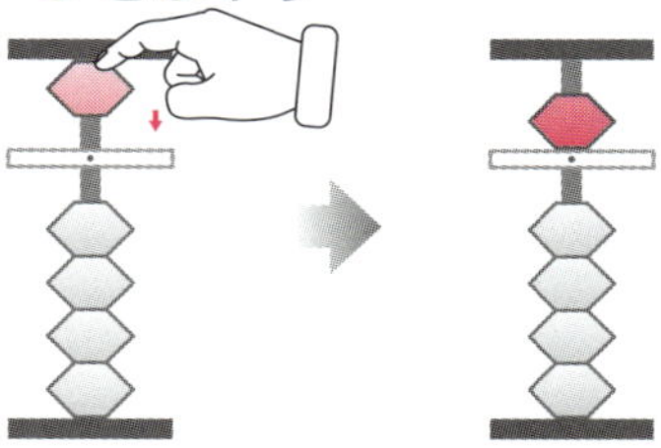

１玉と５玉を
いっしょに
ふやすのよ

6〜9

⇨ **おやゆび** と **ひとさしゆび** をいっしょにつかう

● **6** をふやす

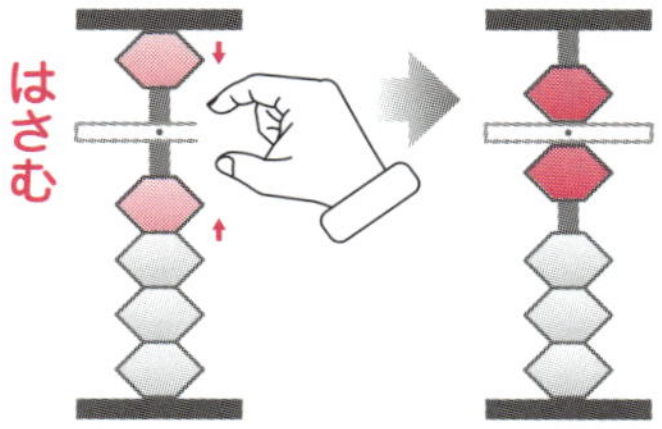
はさむ

● **9** をふやす

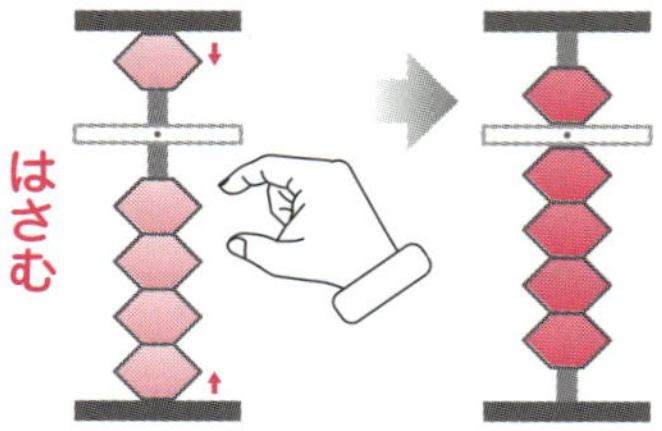
はさむ

へらすとき

へらすときにつかうのは、ひとさしゆびだけ。どんな数でも、です。

1〜4

ひとさしゆびのはら で下げる

- **1** をへらす
- **2** をへらす

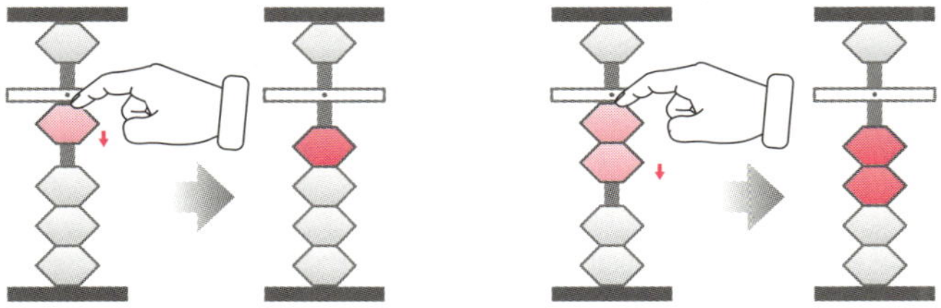

ふやすときと
おなじように
玉はまとめて
うごかしてね

5

ひとさしゆびのツメ で上げる

- **5** をへらす

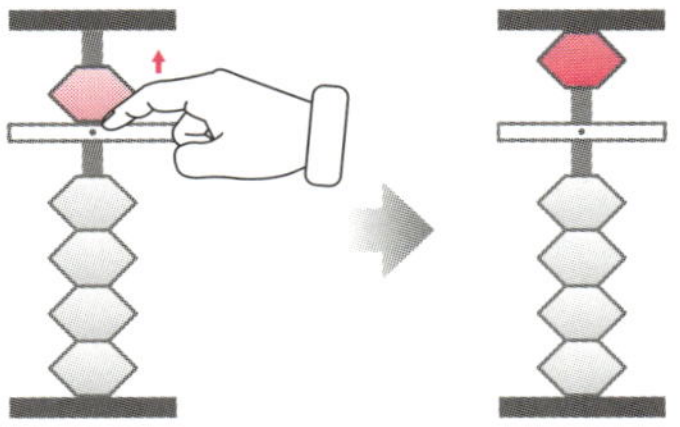

ツメ
はら

6〜9

1玉をへらしてから、5玉をへらす

- **8** をへらす

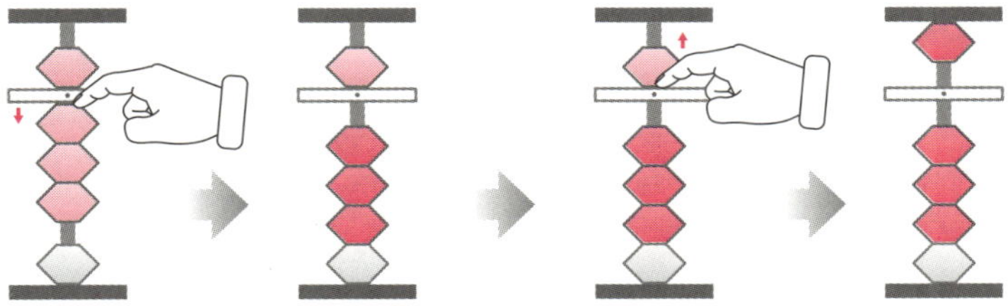

まず 1 玉をへらす　　つぎに 5 玉をへらす

1 玉はひとさしゆびのはら、
5 玉はひとさしゆびのツメ
でへらすんだね！

まとめると、下のようになります。

つかうゆび	 おやゆび	 ひとさしゆび	 おやゆび と ひとさしゆび
ふやすとき	1〜4	5	6〜9
へらすとき	つかわない	1〜9	つかわない

できましたか？

せすじをのばす、かたの力をぬく。これがそろばんのきほんのしせいです。

また、ふやすときには「入れる」、へらすときは「とる」ともいいます。もとにもどす（０にする）ことを「はらう」ともいいます。

それでは、つぎのもんだいにちょうせんしてみましょう。

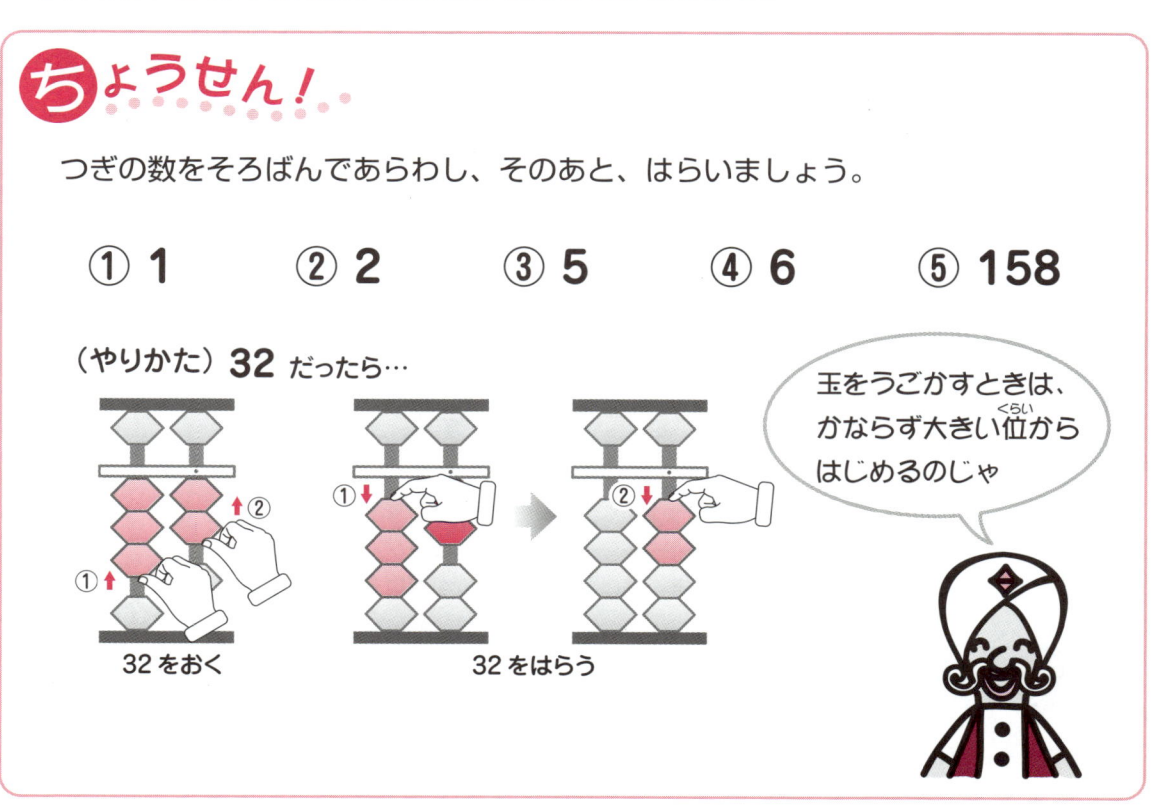

ちょうせん！

つぎの数をそろばんであらわし、そのあと、はらいましょう。

① 1　　② 2　　③ 5　　④ 6　　⑤ 158

（やりかた）32 だったら…

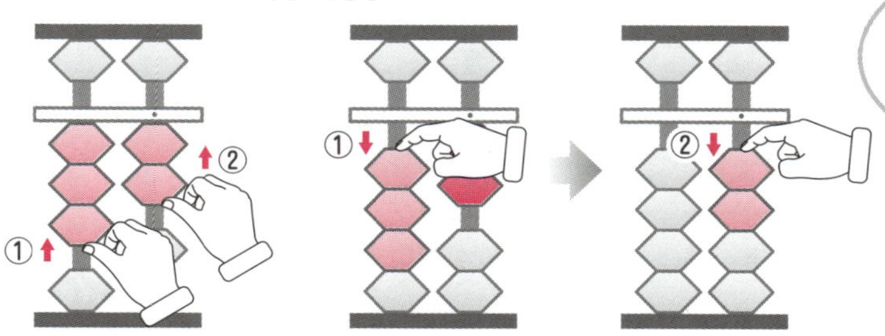
①
②
①
②

32 をおく　　32 をはらう

玉をうごかすときは、
かならず大きい位《くらい》から
はじめるのじゃ

こたえ

① 1　② 2　③ 5　④ 6

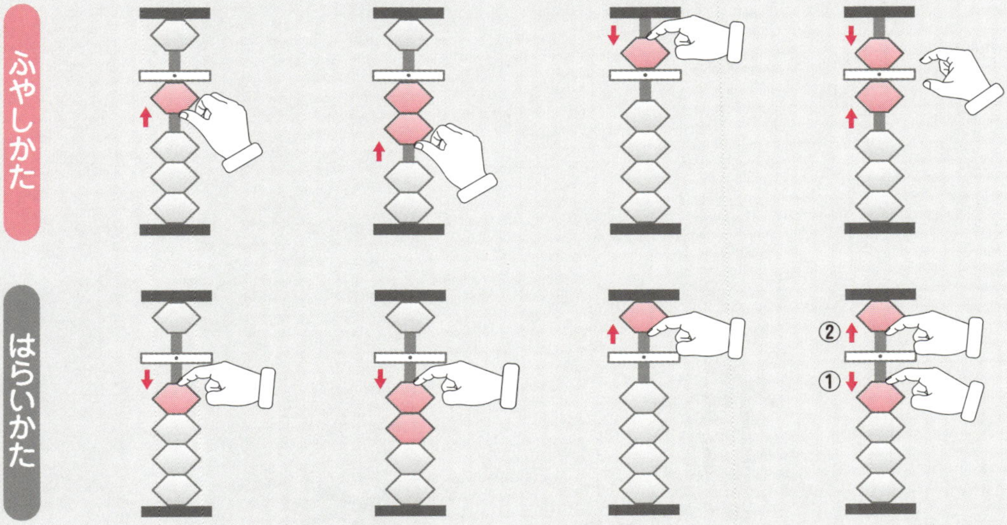

ふやしかた
はらいかた
②
①

6は、ひとさしゆびのはらで
1玉をへらしてから、
ツメで5玉をへらすんじゃぞ

⑤ 1 5 8

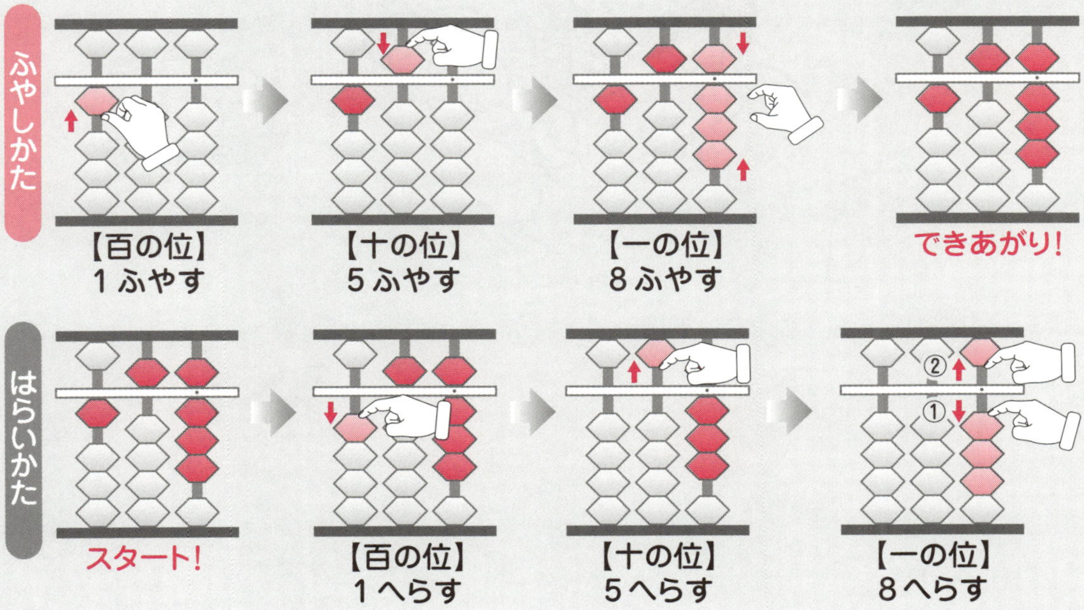

ふやしかた
【百の位】
1ふやす
【十の位】
5ふやす
【一の位】
8ふやす
できあがり!
はらいかた
スタート!
【百の位】
1へらす
【十の位】
5へらす
【一の位】
8へらす
②
①

2

たし算に
ちょうせん！

2 やさしいたし算

月　日

きょうは、たし算のきほんてきなやりかたをおぼえましょう。

3つのステップでおぼえます。きょうは**ステップ 1** と **2** をやり、**ステップ 3** は明日やりましょう。

☀ たし算のきほん

ステップ 1

▷ 1 ＋ 2

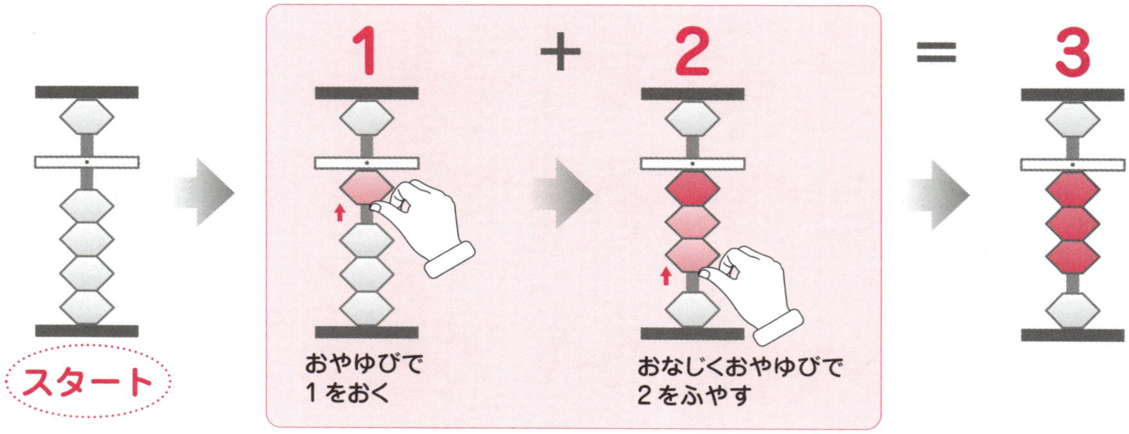

1
＋
2
＝
3
スタート
おやゆびで
1をおく
おなじくおやゆびで
2をふやす

▷ 2 ＋ 5

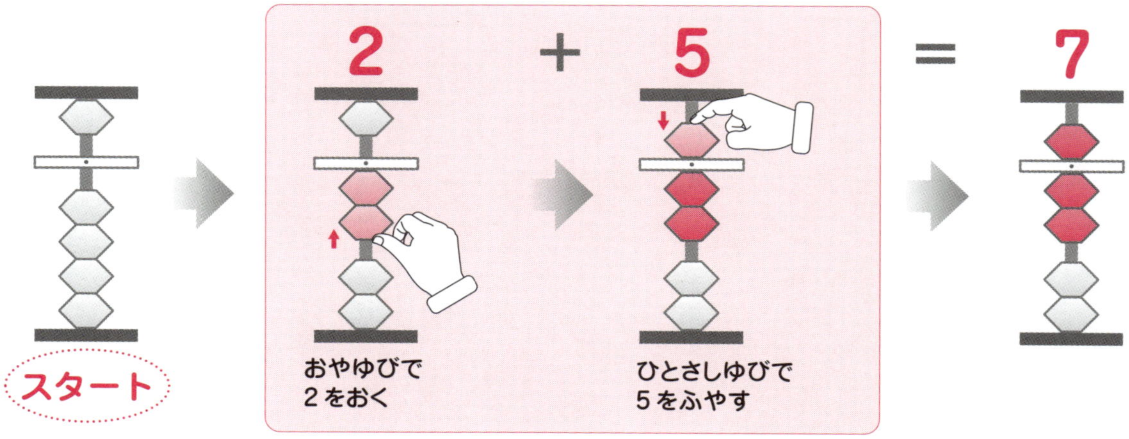

2
＋
5
＝
7
スタート
おやゆびで
2をおく
ひとさしゆびで
5をふやす

▷1 ＋ 7

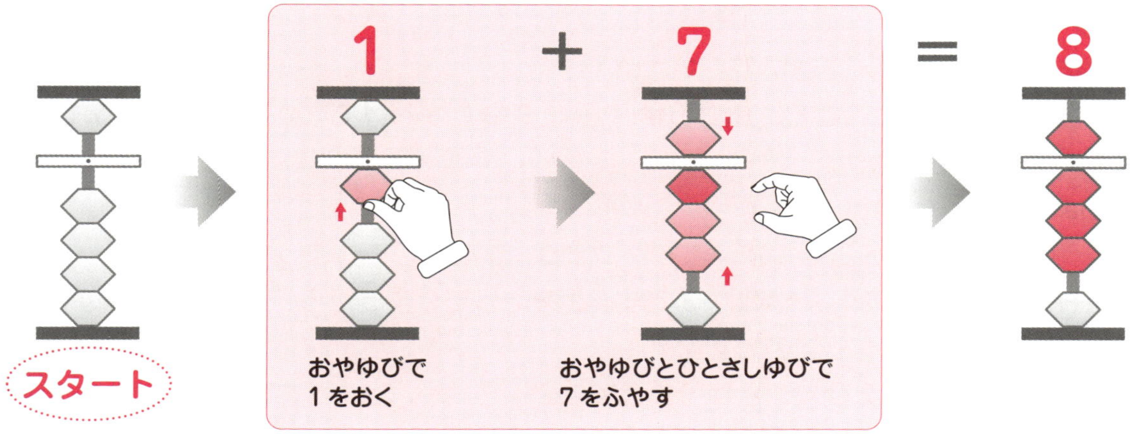
1
＋
7
＝
8
スタート
おやゆびで
1 をおく
おやゆびとひとさしゆびで
7 をふやす

かんたんですね。ゆびのうごかしかたにもなれてきたのではないでしょうか？
それでは、つぎのたし算をそろばんでやってみましょう。

ちょうせん！

もくひょう 1 分　タイム　分　秒

① 1＋1＝　② 2＋2＝　③ 3＋1＝

④ 3＋5＝　⑤ 4＋5＝　⑥ 1＋6＝

⑦ 5＋4＝　⑧ 7＋2　⑨ 6＋3＝

⑩ 2＋2＋5＝

こたえ
①2　②4　③4　④8　⑤9　⑥7　⑦9　⑧9　⑨9　⑩9

できたら、エンピツをにぎったまま、玉をうごかしてみましょう。はやくこたえを書くことができます。

また、1 もんおわったら、すぐはらって 0 の状態《じょうたい》にもどしてしまうのも、はやく計算するコツです（➡ 6 ページ）。

ステップ2　**5玉をつかう**

▷4 ＋ 3

まず、おやゆびで 4 をおいてください。

つぎに 3 をたす。ここで、ふつうは 1 玉を 3 つたすわけですが、うごかせる 1 玉はもう 1 つもありませんね。

では、どうしたらいいでしょう？

こういうときは、5 玉をつかいます。つまり、5 をたしてしまうわけです。

でも、ほんとうにたしたい数は 3 です。5 をたしてしまったら、2 つ多すぎますよね。そこで、1 玉を 2 つへらすのです。

つまり、5 たして 2 ひく、というわけです。

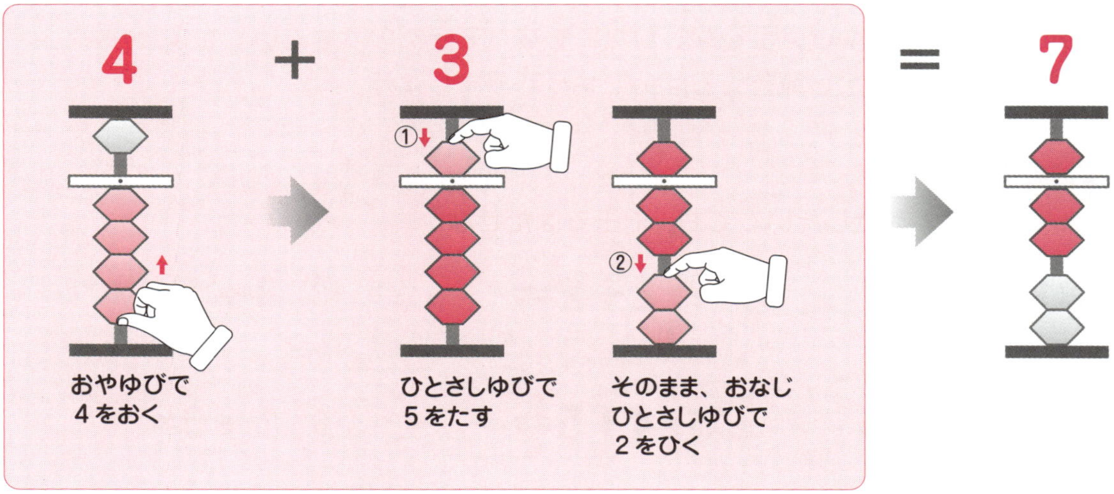
4
＋
3
＝
7
①
②
おやゆびで
4をおく
ひとさしゆびで
5をたす
そのまま、おなじ
ひとさしゆびで
2をひく

もういちど、せいりして言ってみますね。つまり、こういうことです。

3 をたしたいけれど、もう 1 玉がたりない。それなら、5 玉をつかおう。

だけど 5 をたすと、2 つ多くたしすぎてしまう。だから、2 をひく。

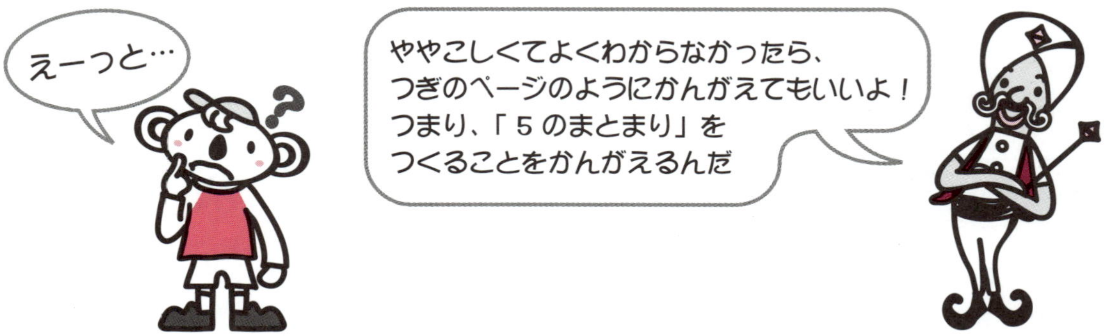
えーっと…
ややこしくてよくわからなかったら、
つぎのページのようにかんがえてもいいよ！
つまり、「５のまとまり」を
つくることをかんがえるんだ

やさしいかんがえかた

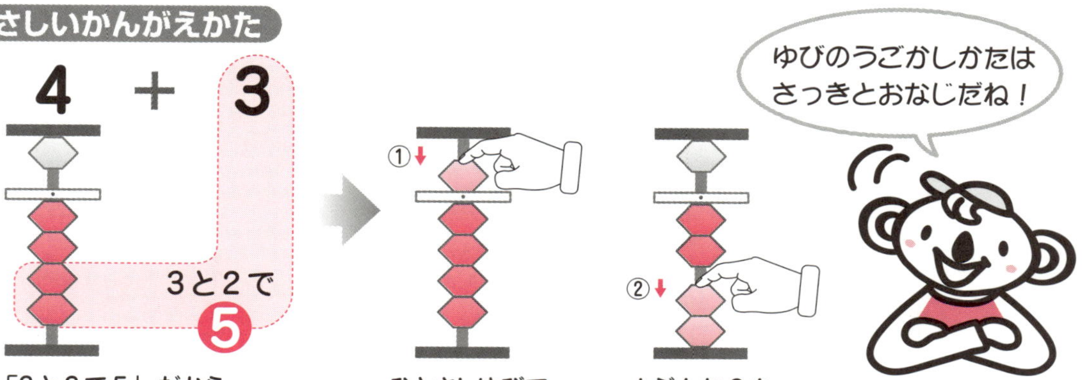
4 ＋ 3
3と2で
5
①
②
ゆびのうごかしかたは
さっきとおなじだね！

「3と2で5」だから……

ひとさしゆびで
5をたして、

よぶんな2を
ひく

こんなふうに、そろばんでは、いったん5玉をたしたあと、よぶんな1玉をひくことがあります。これには、つぎの4つのパターンがあります（「4＋3」のもんだいは、パターン③ですね）。

パターン① **1**をたしたい。でも、1玉ではたせない。
➡ **やりかた** 5玉をたして、1玉を**4**つとる。

パターン② **2**をたしたい。でも、1玉ではたせない。
➡ **やりかた** 5玉をたして、1玉を**3**つとる。

パターン③ **3**をたしたい。でも、1玉ではたせない。
➡ **やりかた** 5玉をたして、1玉を**2**つとる。

パターン④ **4**をたしたい。でも、1玉ではたせない。
➡ **やりかた** 5玉をたして、1玉を**1**つとる。

気がつきましたか？
そう、どれも、「たしたい数」と「とる数（ひく数）」を合計《ごうけい》すると5になっていますね。
この4つのパターンは、しっかりおぼえましょう。
つぎのようにおぼえておいてもいいでしょう。

おぼえよう！

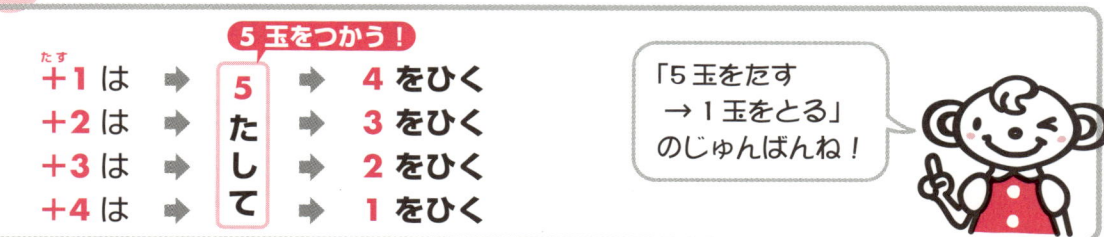

5玉をつかう！

+《たす》1は	➡	**5たして**	➡	**4をひく**
+2は	➡		➡	**3をひく**
+3は	➡		➡	**2をひく**
+4は	➡		➡	**1をひく**

「5玉をたす
→1玉をとる」
のじゅんばんね！

ちょうせん！

もくひょう 15 秒　タイム　分　秒

下は、あわせると 5 になる数のくみあわせです。あいているところに数をかきいれましょう。

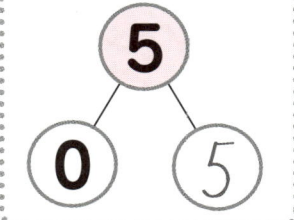

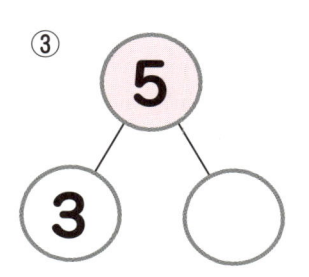

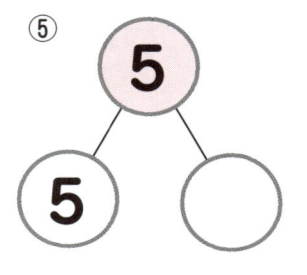

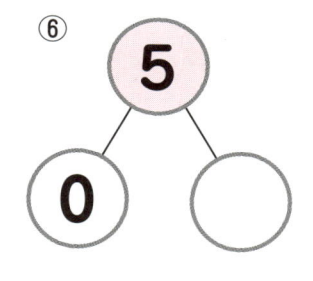

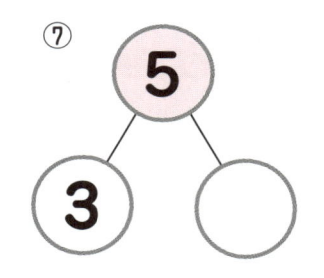

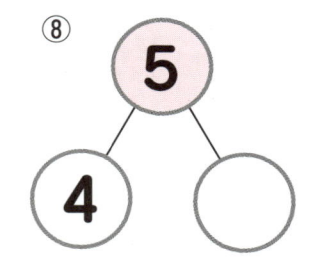

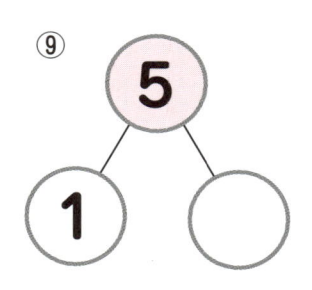

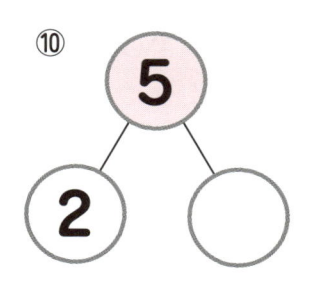

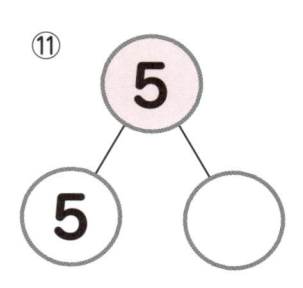

（やりかた）

5 → 0 と 5

① 5 → 2 と （　）

② 5 → 4 と （　）

③ 5 → 3 と （　）

④ 5 → 1 と （　）

⑤ 5 → 5 と （　）

⑥ 5 → 0 と （　）

⑦ 5 → 3 と （　）

⑧ 5 → 4 と （　）

⑨ 5 → 1 と （　）

⑩ 5 → 2 と （　）

⑪ 5 → 5 と （　）

こたえ

①3　②1　③2　④4　⑤0　⑥5　⑦2　⑧1　⑨4　⑩3　⑪0

こんどは、そろばんで計算してみましょう。

ちょうせん！

もくひょう 20 秒　タイム 分 秒

4

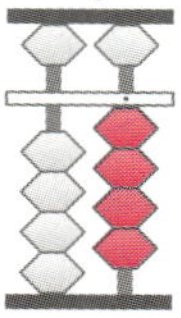

① 4＋1＝　② 4＋2＝

③ 4＋3＝　④ 4＋4＝

ヒント！ ① ＋1 は、5 たして 4 をひく　② ＋2 は、5 たして 3 をひく
③ ＋3 は、5 たして 2 をひく　④ ＋4 は、5 たして 1 をひく

こたえ ①5 ②6 ③7 ④8

どうでしたか？　もうすこしれんしゅうしてみましょう。

ちょうせん！

もくひょう 35 秒　タイム 分 秒

① 3＋3＝　② 2＋3＝　③ 3＋2＝

④ 4＋4＝　⑤ 1＋4＝　⑥ 3＋4＝

⑦ 4＋2＝　⑧ 4＋1＝

こたえ ①6 ②5 ③5 ④8 ⑤5 ⑥7 ⑦6 ⑧5

さいしょはすこしむずかしくかんじるかもしれませんが、だいじょうぶ。すぐになれます。

コツは「5 のまとまり」をつくるように、いしきすること。「3 ＋ 4」だったら、「4 と 1 で 5 。だから、5 玉をたして、多すぎたぶんの 1 をとろう」とかんがえるのです。 45 ページのおぼえかたのように、「たす 4 は、5 たして 1 をひく」というように、ブツブツ口にだしながらやってもいいでしょう。

そのうち、しぜんと、いちいちかんがえなくてもできるようになります（これがそろばんのスゴイところです）。

3 くり上がりのあるたし算　　月　　日

きょうはたし算のきほん、**ステップ 3** です。**ステップ 3** では、6＋5＝11 のように、こたえの位がくり上がるばあいはどうやるのか、見ていきましょう。

ステップ 3 がおわれば、たし算のきほんルールはもうおしまいです。

☀ たし算のきほん

ステップ3　**くり上がる**

▷ 4 ＋ 7 ……………………（1 玉をとってくり上がる）

まず、そろばんに 4 をおきます。4 は、右のイラストのようになります。

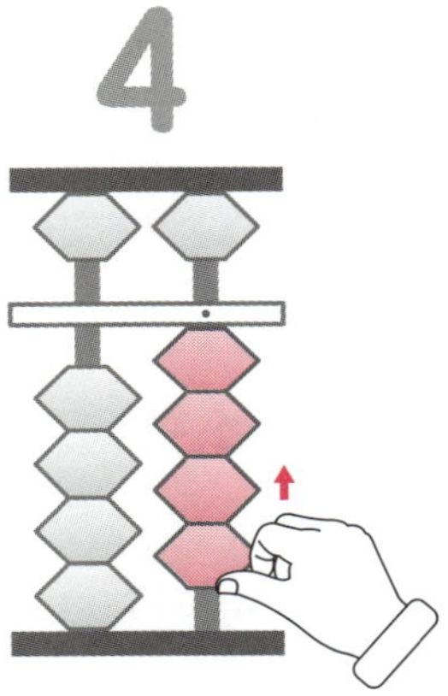

4

ここに 7 をたすわけですが、一の位には 7 が入れられません。そこで、「10 のまとまり」をつくって、くり上げることをかんがえます。

7 にいくつをたすと、10 になりますか？

3 ですよね。

下のイラストを見てください。

7 と 3 で 10 。これで、1玉 3 つと 7 は、くり上がって十の位にいっしょに行ってしまいます。

そこで、まず、一の位でその 3 をとり、つぎに十の位に 1 を入れるのです。

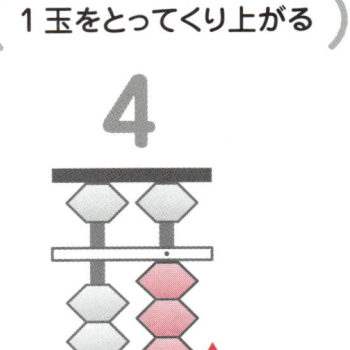

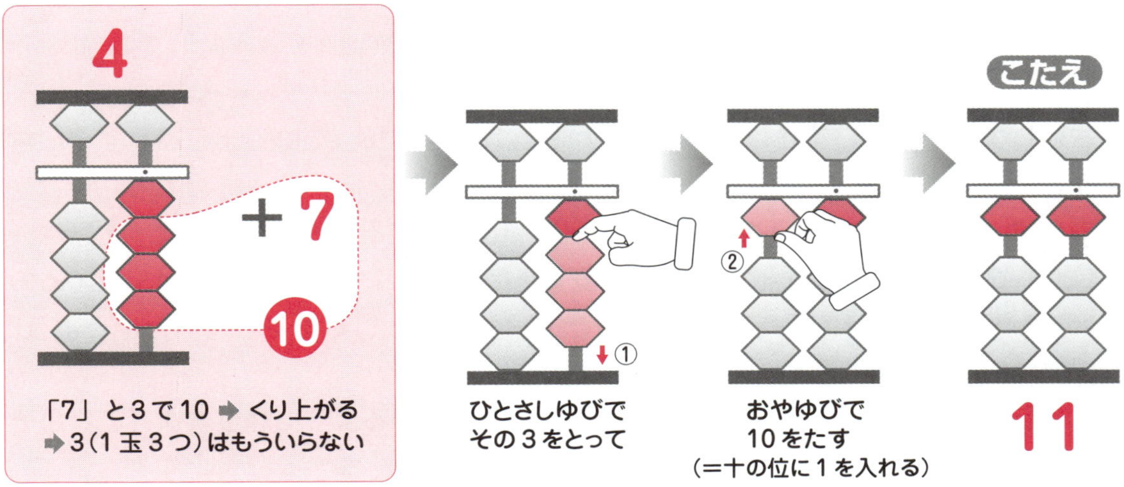

4
＋7
10
「7」と 3 で 10 ➡ くり上がる
➡ 3（1 玉 3 つ）はもういらない
①
ひとさしゆびで
その 3 をとって
②
おやゆびで
10 をたす
（＝十の位に 1 を入れる）
こたえ
11

▷6 ＋ 5 ……………… （5玉をとってくり上がる）

まず、そろばんに6をおいてください。

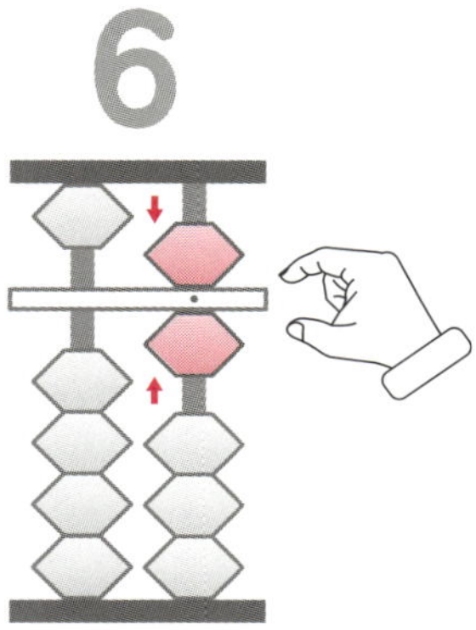
6

おやゆびと
ひとさしゆびで
玉をはさみ入れるんだったね！

さて、ここに、5 をたすわけですが、そろばんを見ると、まえのもんだい（ 4+7 ）とおなじように、一の位にはもう 5 が入りません。

そこで、また「 10 のまとまり」をつくることをかんがえます。

5 に、あといくつたすと、10 になりますか？

5 ですね。

5 と 5 で 10。これで十の位にくり上がりますから、5 玉をとり（イラストの①）、つづけて十の位に 1 を入れます（②）。

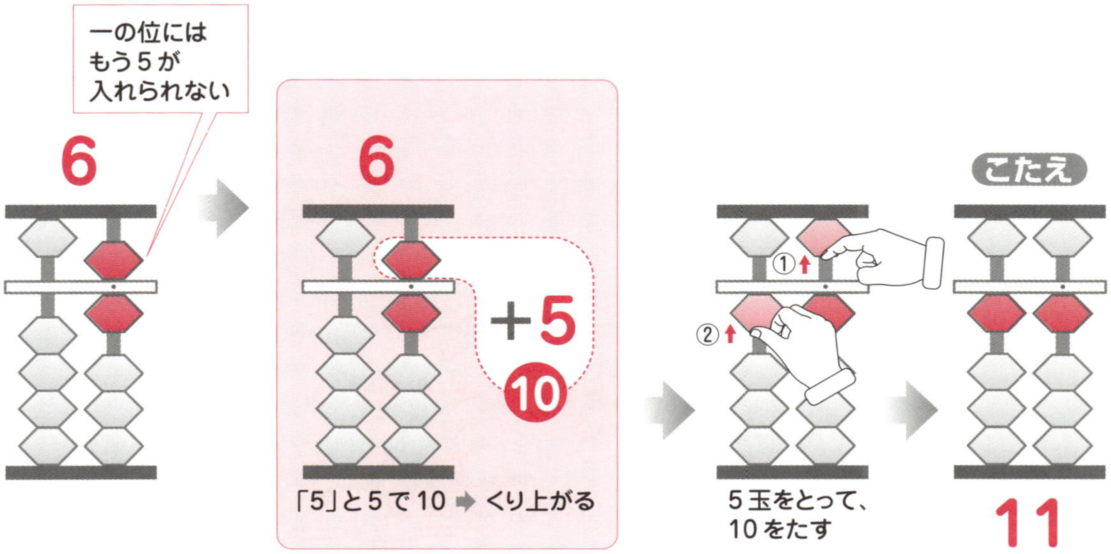
一の位には
もう5が
入れられない
6
6
+5
10
「5」と5で10 ➡ くり上がる
①
②
5玉をとって、
10をたす
こたえ
11

こんなふうに、くり上がる計算のパターンには 4 つあります。今 1 つやりましたから、あと 3 つだけ。ちょっとややこしいところですが、がんばりましょう！

これさえできてしまえば、どんなに大きな数でもおなじルールで計算できるようになりますよ。

▷8 ＋ 4

まず 8 をおきます。

そこに、4 をたしたい。けれど、一の位にはもう入れられません。そこでまた、「10 のまとまり」をつくって、十の位にくり上げることをかんがえましょう。

4 にいくつたすと、10 になりますか？

6 ですね。

6 と 4 で 10 。これで十の位にくり上がりますから、まず一の位の 6 をとり、つづけて十の位に 1 を入れます。

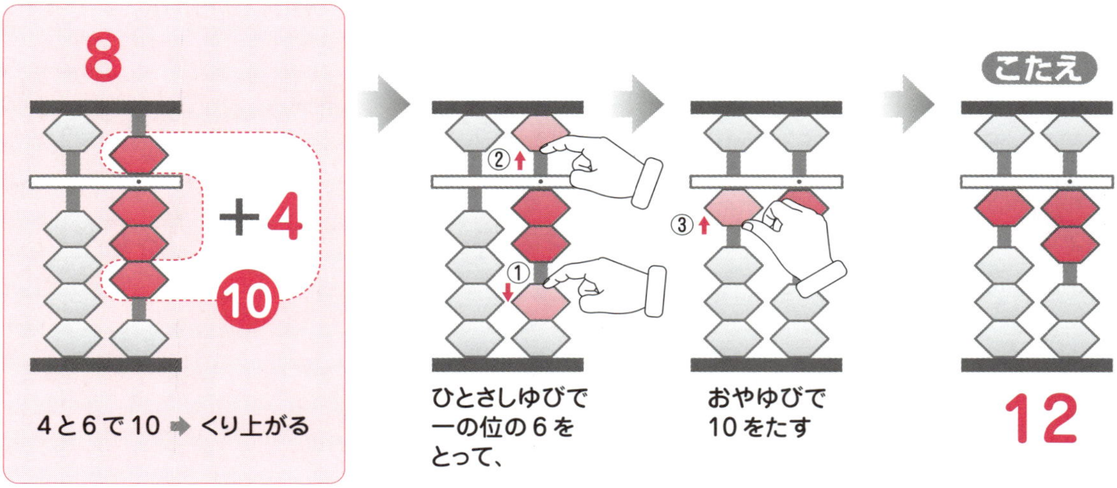
8
+4
10
4と6で10 ➡ くり上がる
②
①
ひとさしゆびで
一の位の6を
とって、
③
おやゆびで
10をたす
こたえ
12

ちょうせん！

もくひょう 50 秒　タイム　分　秒

① 3+8=　② 4+8=　③ 4+6=

④ 2+9=　⑤ 7+5=　⑥ 8+5=

⑦ 9+5=　⑧ 5+5=　⑨ 6+5=

こたえ

① 11　② 12　③ 10　④ 11　⑤ 12　⑥ 13　⑦ 14　⑧ 10　⑨ 11

ちょうせん！

もくひょう 1 分　タイム　分　秒

① 8+3=　② 7+4=　③ 9+2=

④ 9+4=　⑤ 8+4=　⑥ 7+3=

⑦ 9+3=　⑧ 9+1=　⑨ 6+4=

⑩ 8+2=

こたえ

① 11　② 11　③ 11　④ 13　⑤ 12　⑥ 10　⑦ 12　⑧ 10　⑨ 10　⑩ 10

▷ 7 ＋ 6 ……………………（1 玉を入れ、5 玉をとってくり上がる）

まず、7 をおきます。そこに 6 をたすわけですが、もう、一の位には 6 が入れられませんよね。

そこでまた、「10 のまとまり」をつくり、くり上げることをかんがえましょう。

6 にいくつをたすと、10 になりますか？　4 ですね。

そこで、7 から 4 をもってくるわけですが、それは 5 玉からもってくるしかありませんよね。

5 玉から 4 をとって、6 たすと 10。これでくり上がりますから、4 と 6 は十の位へ、うつってしまいます。

すると一の位には、いくつのこるでしょう？

1 ですね（5−4＝1）。

その 1 をまず、おやゆびでたしてから（下のイラストの①）、5 玉をとります（②）。そして、十の位に 1 を入れます（③）。

かんがえかた

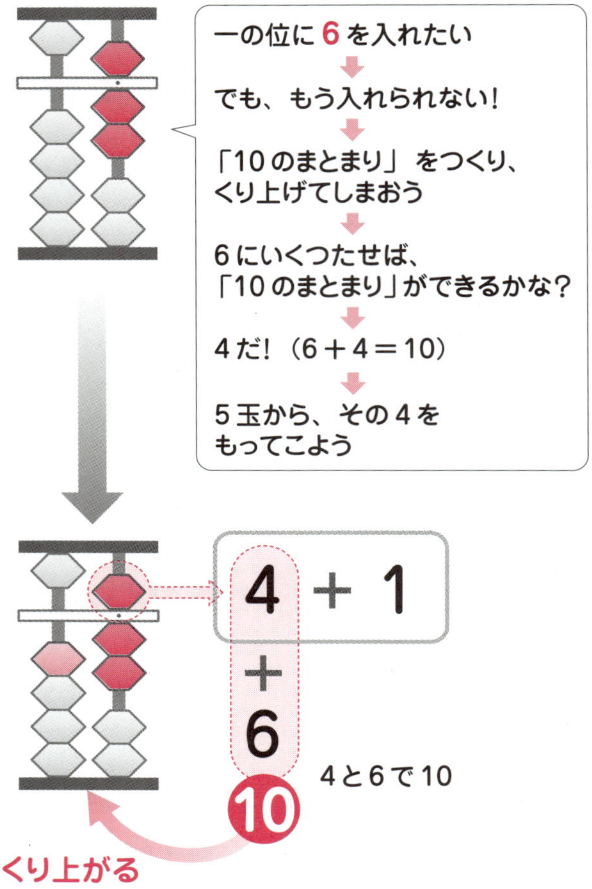
一の位に 6 を入れたい
でも、もう入れられない！
「10 のまとまり」をつくり、くり上げてしまおう
6 にいくつたせば、「10 のまとまり」ができるかな？
4 だ！（6＋4＝10）
5 玉から、その 4 をもってこよう
4 ＋ 1
＋
6
4 と 6 で 10
10
くり上がる

ゆびのうごき

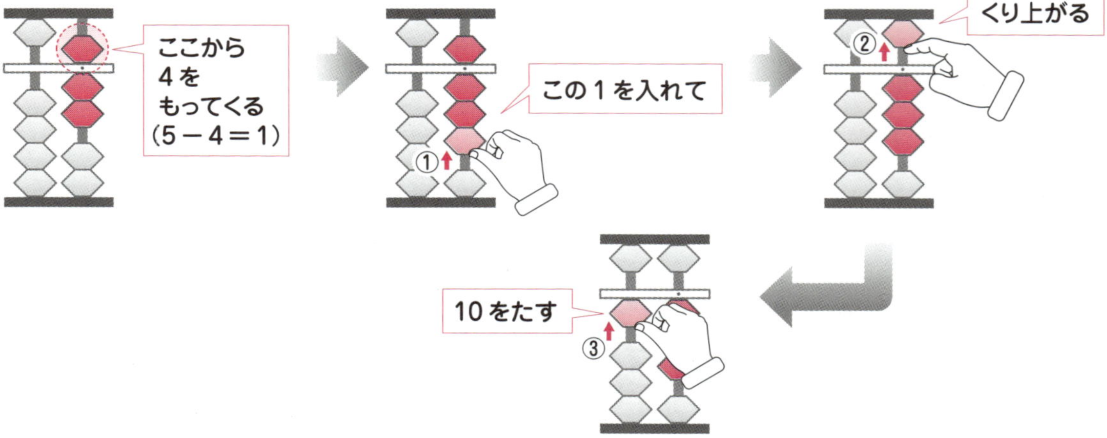
ここから
4 を
もってくる
(5－4＝1)
この 1 を入れて
①
5 をとって、
くり上がる
②
10 をたす
③

こたえは 13。

そろばんは、右のようになります。

できましたか？

これでたし算のやりかたの勉強《べんきょう》はおしまいです。

おつかれさまでした！

この 7+6 のやりかたが、いちばんむずかしくかんじるかもしれません。はじめのうちは、下のようにやってもかまいません。

つまり、6 を「1 と 5」にわけてかんがえて、計算するのです。そうすると、「10 のまとまり」がつくりやすいので、ずっとラクに計算できるでしょう。

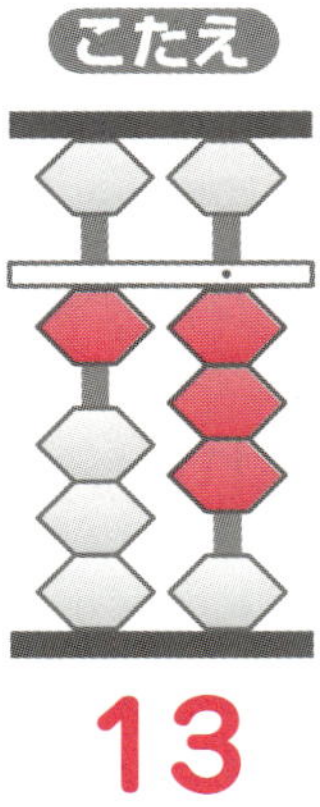
こたえ
13

やさしいかんがえかた

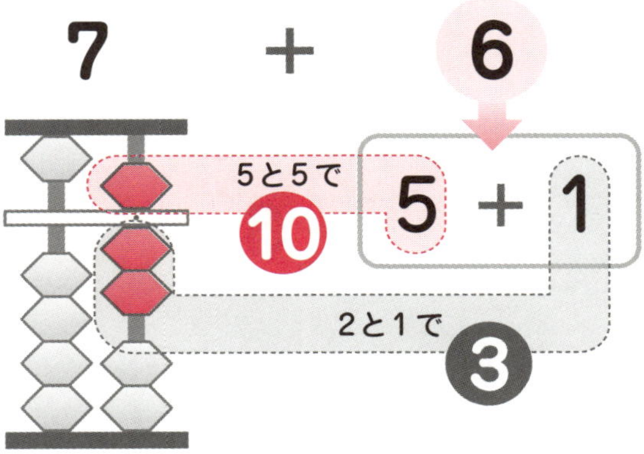
7
+
6
5と5で
10
5
+
1
2と1で
3

ゆびのうごかしかたは
さっきとおなじよ！

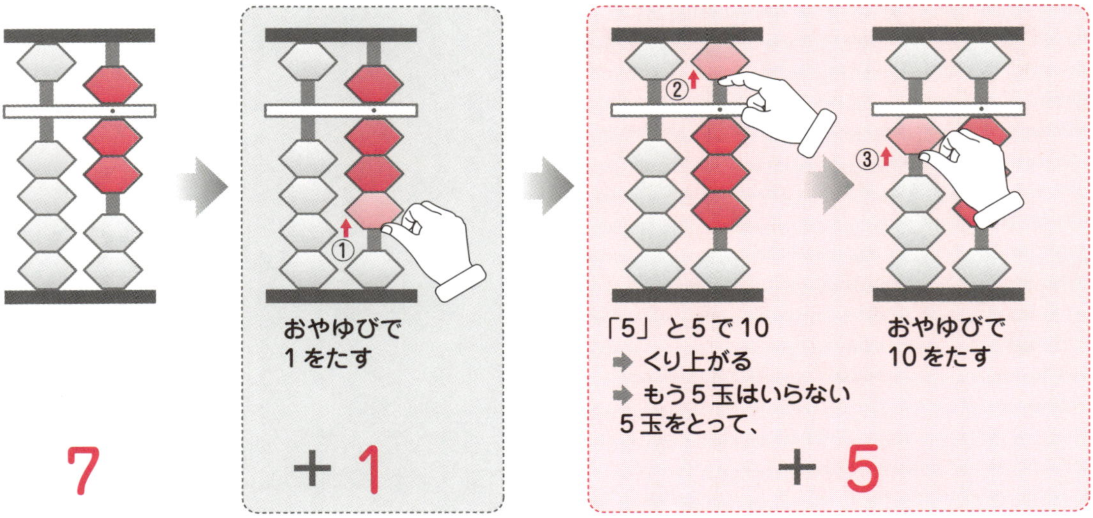
①
おやゆびで
1 をたす
②
③
「5」と 5 で 10
➡ くり上がる
➡ もう 5 玉はいらない
5 玉をとって、
おやゆびで
10 をたす
7
＋ 1
＋ 5

このように、そろばんでは、10 になる数のくみあわせがポイントになります。

ちょうせん！

もくひょう 15 秒　　タイム　　分　　秒

下は、あわせると 10 になる数のくみあわせです。あいているところに数をかき入れましょう。

① 10 → 1 と □

② 10 → 4 と □

③ 10 → 8 と □

④ 10 → 7 と □

⑤ 10 → 2 と □

⑥ 10 → 6 と □

⑦ 10 → 9 と □

⑧ 10 → 10 と □

⑨ 10 → 5 と □

⑩ 10 → 3 と □

こたえ

①9　②6　③2　④3　⑤8　⑥4　⑦1　⑧0　⑨5　⑩7

「10 になる数のくみあわせ」と「5 になる数のくみあわせ」は、もうおぼえてしまいましょう。かけ算九九のように、「1《いっ》・9《きゅう》で 10《じゅう》、2《に》・8《はち》で 10……」というようにりくつぬきでおぼえるのも手《て》です。

ルール！ 10になるなかま

1・9 で 10　**4・6 で 10**　**7・3 で 10**
2・8 で 10　**5・5 で 10**　**8・2 で 10**
3・7 で 10　**6・4 で 10**　**9・1 で 10**

くり上がるよ！

ルール！ 5になるなかま

1・4 で 5　**4・1 で 5**
2・3 で 5　**3・2 で 5**

5 玉をつかうよ！

「1・9で 10」で
くり上がる…と
パチ
パチ

「くり上がり（10をつくる計算）」と「5 玉のつかいかた（5をつくる計算）」ができれば、バッチリじゃ！

また、つぎのようにおぼえておいてもいいでしょう。計算するときにべんりです。

+1 は ➡ 9 ひいて ➡ 10 をたす！

どうしてこうなるのか、たいせつなところなので、もう 1 かい、せつめいしましょう。

たとえば、9 ＋ 1 のもんだいです。

まず、9 をおく。そこに 1 をたしたい。でも、たせない。そういうときは 10 にくり上げることをかんがえるのでしたね。

1 は、あといくつで、10 にくり上がるでしょう？　9 ですね。

なので、1 玉の 9 とあわせて 10 にしてしまいます。こうすれば、十の位にくり上げることができます。

このとき、ゆびのうごきは、「① 【一の位】 9 をひく ➡ ② 【十の位】 10 をたす」となります。

これで、せいかい（10）がでるわけです。

おぼえよう！

くり上がる！

+《たす》1 は	➡	9 ひいて	➡	10をたす！
+2 は	➡	8 ひいて	➡	
+3 は	➡	7 ひいて	➡	
+4 は	➡	6 ひいて	➡	
+5 は	➡	5 ひいて	➡	
+6 は	➡	4 ひいて	➡	
+7 は	➡	3 ひいて	➡	
+8 は	➡	2 ひいて	➡	
+9 は	➡	1 ひいて	➡	

こえにだして
おぼえよう！

ちょうせん！

もくひょう 1 分　タイム　分　秒

9

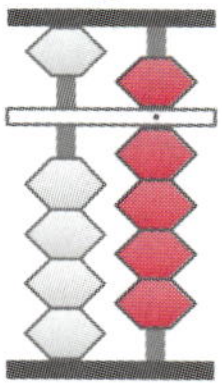

① 9+1=　② 9+2=

③ 9+3=　④ 9+4=

⑤ 9+5=　⑥ 9+6=

⑦ 9+7=　⑧ 9+8=

⑨ 9+9=

こたえ

① 10　② 11　③ 12　④ 13　⑤ 14　⑥ 15　⑦ 16　⑧ 17　⑨ 18

それでは、ここまでやってきたことのおさらいのために、もんだいにちょうせんしてみましょう。

ちょうせん！

もくひょう 1分 30秒　タイム　分　秒

① 1＋9＝　② 2＋8＝　③ 9＋2＝

ヒント！ ＋2は、(　)ひいて、10をたす

④ 6＋5＝　⑤ 5＋9＝　⑥ 7＋3＝

ヒント！ ＋5は、(　)ひいて、10をたす

⑦ 8＋6＝　⑧ 5＋7＝　⑨ 6＋6＝

⑩ 8＋4＝　⑪ 6＋9＝　⑫ 7＋6＝

こたえ

① 10　② 10　③ 11　④ 11　⑤ 14　⑥ 10　⑦ 14　⑧ 12　⑨ 12　⑩ 12　⑪ 15　⑫ 13

すこしむずかしかったかもしれないもんだいのうち、⑦のやりかたをのせておきます。52 ～ 53ページでやったパターンです。

⑦ 8 ＋ 6

かんがえかた

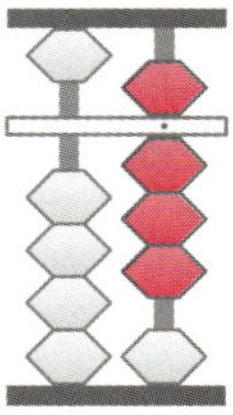

8

6をたしたいが、たせない！

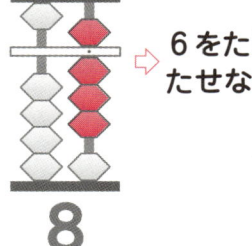

［かんがえかた①］
＋6は、
4ひいて、10をたす

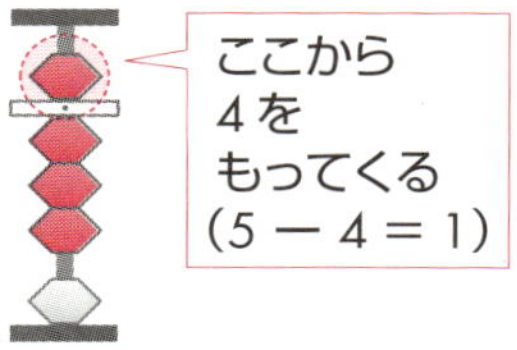
ここから
4を
もってくる
(5 − 4 = 1)

［かんがえかた②］
6を「5と1」にわけて
かんがえる
(「5」と5で10➡くり上がる
のこり「1」はべつにたす)

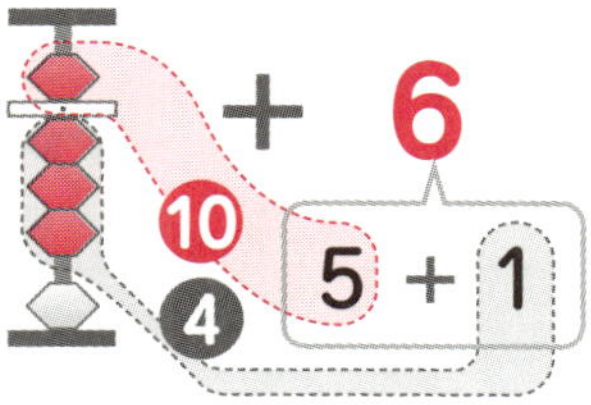
＋ 6
10
4
5 ＋ 1

ゆびのうごき

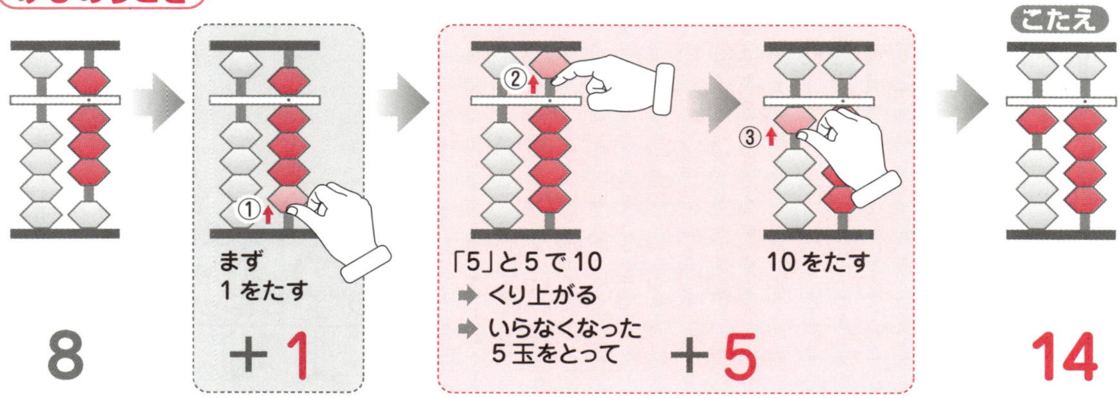
こたえ
①
まず
1をたす
②
③
「5」と5で10
➡ くり上がる
➡ いらなくなった
5玉をとって
10をたす
8
＋1
＋5
14

4 大きな数のたし算

月　日

ここまでやってきたひとは、もう、たし算のきほんはバッチリですね！

これまで見てきたように、そろばんでは「あわせて 5 になる数」と「あわせて 10 になる数」がとてもたいせつです。そこで、きょうからは毎日《まいにち》、2 つのウォーミングアップ・ドリルをさいしょにやり、すっかりあたまに入れてしまいましょう。

ドリルのしかたは、つぎのとおりです。あいている □ に数をかきましょう。

▶5 になるなかま

（やりかた）

1	4	2		3		4	

▶10 になるなかま

1		2		3		4		5	
6		7		8		9			

ドリルのもくひょうタイムは、「5 になる数」も「10になる数」も、おとなは 30 秒、子どもは 2 分です。がんばってください。おわったら、132 ～ 133 ページのグラフにタイムをきろくしましょう。

このドリルをやると、もうひとつ、とてもいいことがあります。プロローグでもお話ししたように、はじめにかんたんな計算をやると、脳《のう》が活性《かっせい》化《か》され、そのあとの学習効《がくしゅうこう》果《か》がグンと高くなることがわかっているのです。

ドリルのこたえは、130 ～ 131 ページです。

わたしたちは
「5になるなかま」
1
4
2
3

ウォーミングアップ・ドリル 1

5になる数

もくひょう：おとな 30 秒 / 子ども 2 分　タイム　分　秒

1	
3	
2	
4	
0	
5	
2	
4	
1	
3	

5	
1	
4	
2	
0	
5	
1	
3	
4	
0	

1	
3	
0	
2	
5	
4	
3	
0	
2	
5	

ウォーミングアップ・ドリル 2

10 になる数

もくひょう：おとな 30 秒 / 子ども 2 分　タイム　分　秒

2	
1	
4	
3	
6	
5	
7	
0	
8	
9	

5	
3	
4	
9	
8	
7	
1	
2	
6	
0	

3	
8	
1	
6	
5	
2	
7	
0	
9	
4	

タイムはいかがでしたか？

もくひょうタイムは、いちおうのめやすです。たいせつなのは、「どれだけはやくできたか」よりも、「きのうのじぶんより、どれだけせいかくにはやくできるようになったか」です。ですから、じぶんのタイムは、かならず132～133ページの「きろくグラフ」にかき入れましょう。

それでは、きょうのそろばんをはじめます。

きょうは2けた以上《いじょう》の数をたす計算です。

だいじょうぶ、数が大きくなっても、やりかたはおなじですから。がんばってください。

もしもわからなくなったときは、「たし算のきほん」のページにもどって、ふくしゅうしましょう。

たし算のきほん **ステップ1** ➡42ページ

たし算のきほん **ステップ2**（5玉をつかう）➡44ページ

たし算のきほん **ステップ3**（くり上がる）➡48ページ

まずはじめに、これまでのふくしゅうのもんだいをやってみましょう。

ウォーミングアップ・ドリル3　ゆびならしをしよう！

もくひょう **1** 分　タイム　分　秒

① 1+1=	② 2+3=	③ 4+2=
④ 3+6=	⑤ 7+5=	⑥ 2+8=
⑦ 3+7=	⑧ 8+4=	⑨ 6+5=
⑩ 7+7=	⑪ 6+6=	⑫ 8+6=

こたえ

①2　②5　③6　④9　⑤12　⑥10　⑦10　⑧12　⑨11
⑩14　⑪12　⑫14

④のもんだいで、6は、おやゆびとひとさしゆびではさむように玉を入れられましたか？⑧は、4をたすとき、1玉、5玉のじゅんにとりましたか？　とるときは、「1玉→5玉」のじゅんですよ。

③⑤⑧⑩のもんだいだけ、ゆびづかいを絵にしておきます。参考《さんこう》にしてください。

※かんがえかたは「やさしいかんがえかた」（45、53ページ）のほうをのせています。

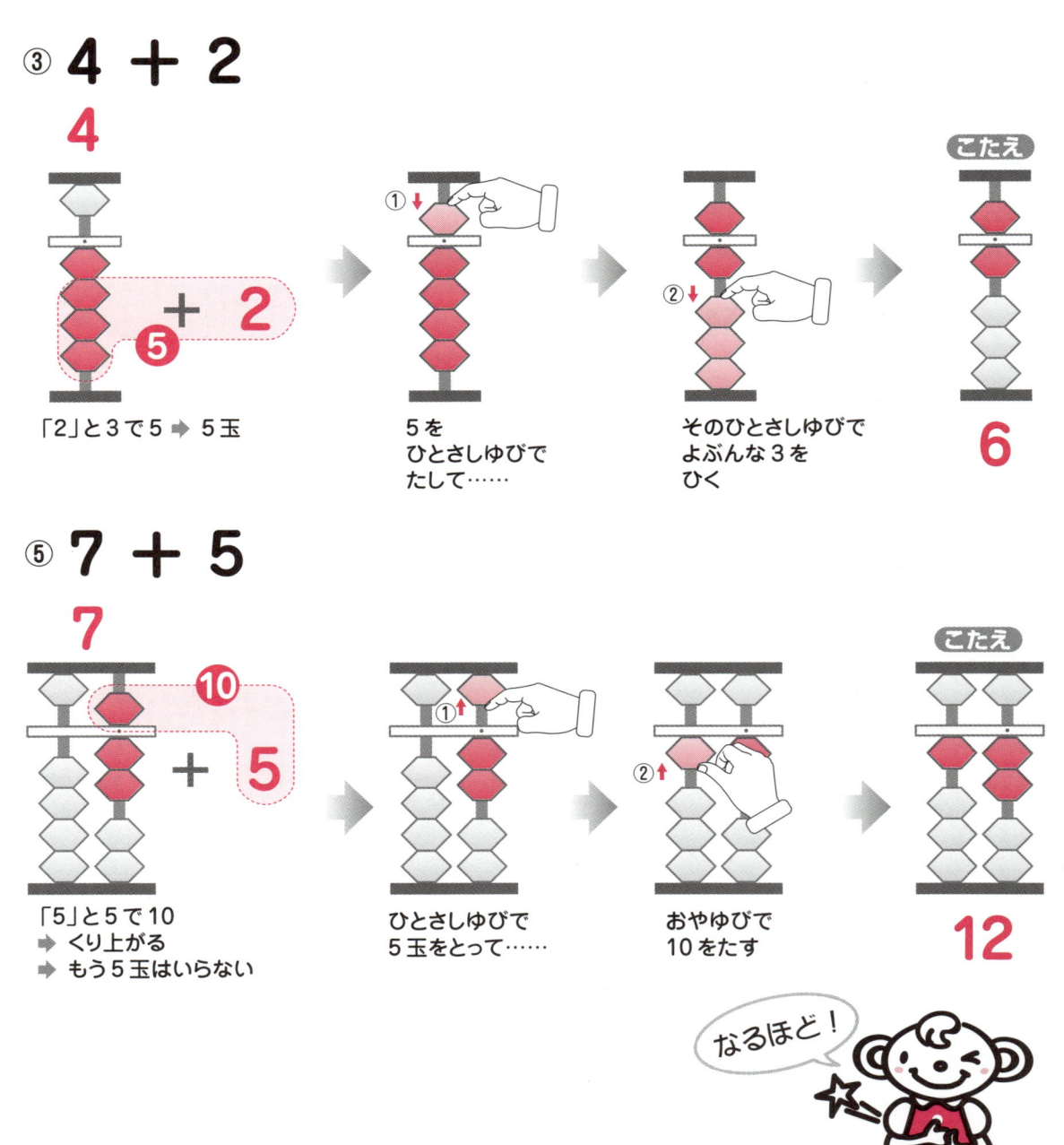

③ 4 ＋ 2

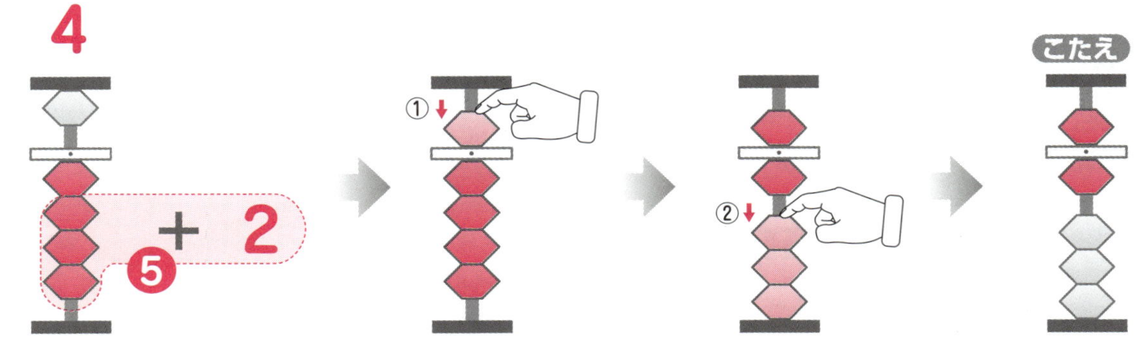

「2」と3で5 ➡ 5玉

5を
ひとさしゆびで
たして……

そのひとさしゆびで
よぶんな3を
ひく

6

⑤ 7 ＋ 5

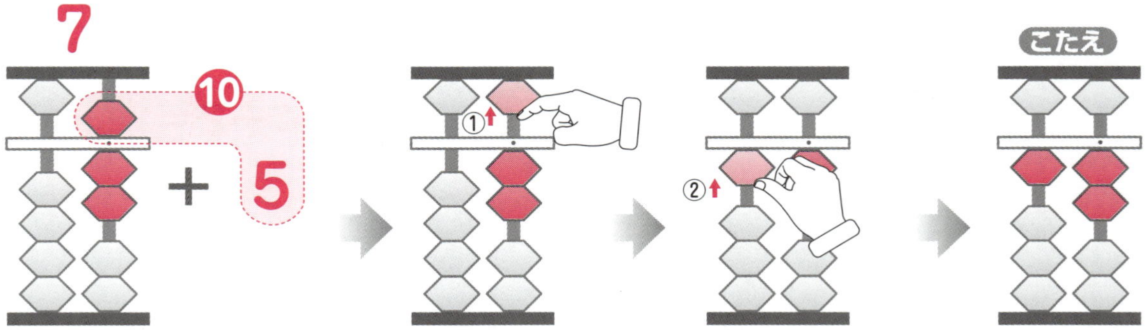

「5」と5で10
➡ くり上がる
➡ もう5玉はいらない

ひとさしゆびで
5玉をとって……

おやゆびで
10をたす

12

⑧ 8 ＋ 4

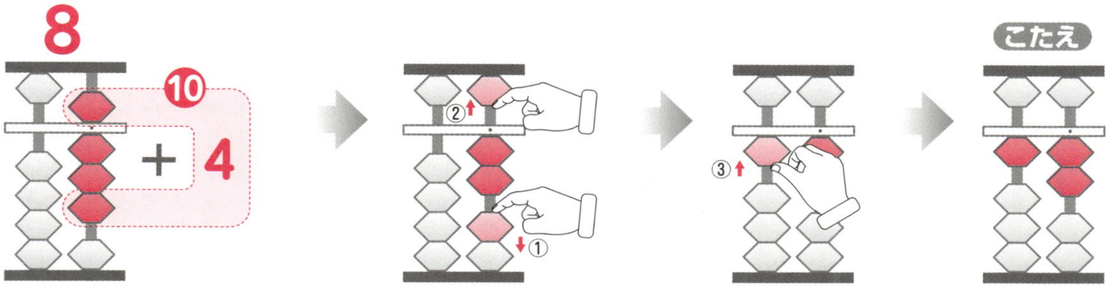
8
10
＋ 4
②
①
③
こたえ

「4」と6で10
➡ くり上がる

ひとさしゆびで
一の位の6を
とって……

おやゆびで
10をたす

12

⑩ 7 ＋ 7

＋ 7
10
5 ＋ 2
4
7
つぎに「5」をたすのよね。
「5」と5で10。くり上がるから、
5玉はもういらないっと……
7は「5と2」で
できているね！
この「2」をさきに
たすんだったね
5玉をとったら、
十の位にくり上がって、
できあがり！

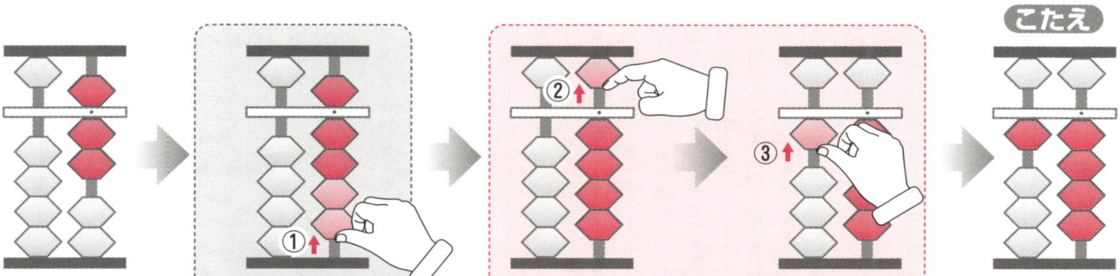
①
②
③
こたえ

7

まず、おやゆびで
2をたす

＋ 2

いらなくなった
5玉をとって……

おやゆびで
10をたす

＋ 5

14

これで、ふくしゅうはおしまいです。いよいよ 2 けた以上《いじょう》の計算に入りましょう。

やってみるとわかりますが、けた数が大きくなっても、やりかたは、これまでとおなじです。大きな位から、じゅんばんにたしていきましょう。

ステップ 1

▷ 11 ＋ 23

まず、11 をおき、そこに 23 をたします。

はじめに十の位に 2 をたし（＋ 20）、つづいて一の位に 3 をたしましょう（＋3）。

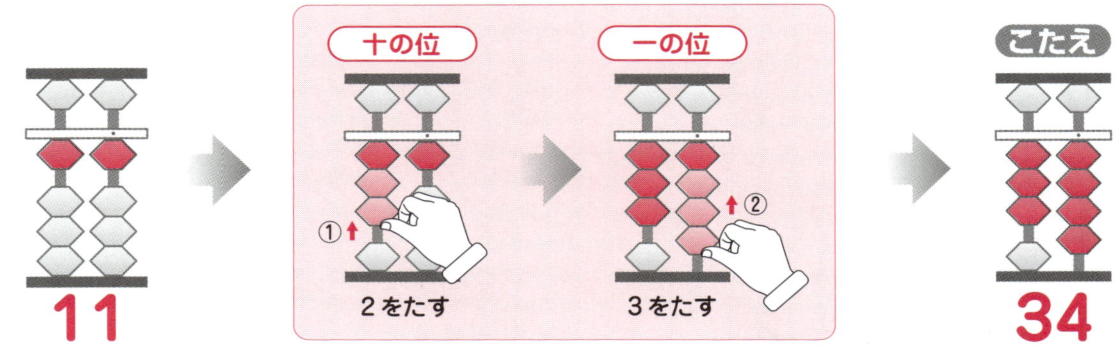

十の位
一の位
こたえ
11
①
2 をたす
②
3 をたす
34

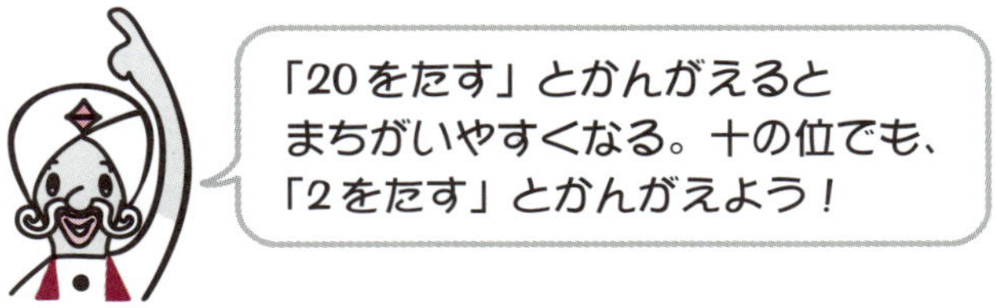

「20 をたす」とかんがえると
まちがいやすくなる。十の位でも、
「2 をたす」とかんがえよう！

▷ 32 ＋ 115

まず 32 をおき、そこに 115 をたします。はじめに百の位に 1 をたし（＋100）、つぎに十の位に 1 をたし（＋10）、さいごに一の位に 5 をたします（＋5）。

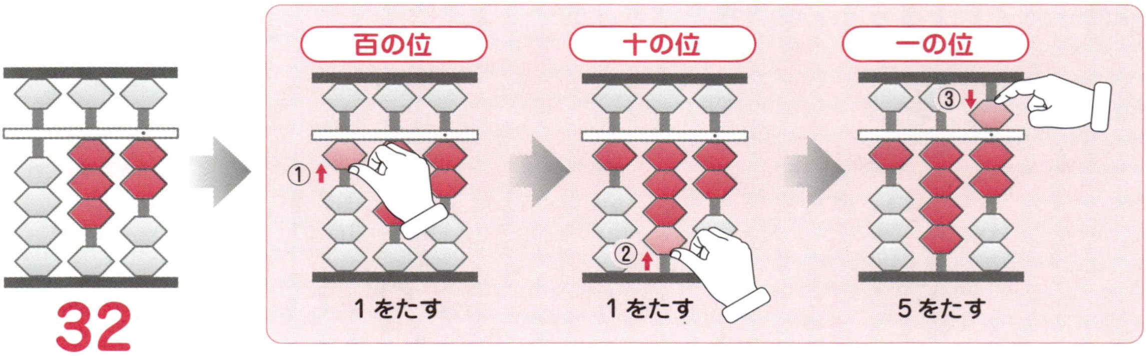

百の位
十の位
一の位
32
①
1 をたす
②
1 をたす
③
5 をたす

こたえ

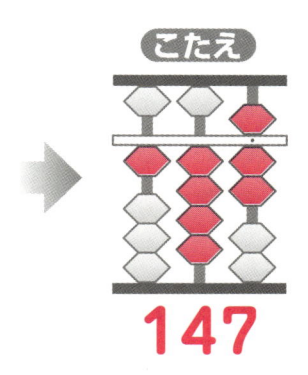

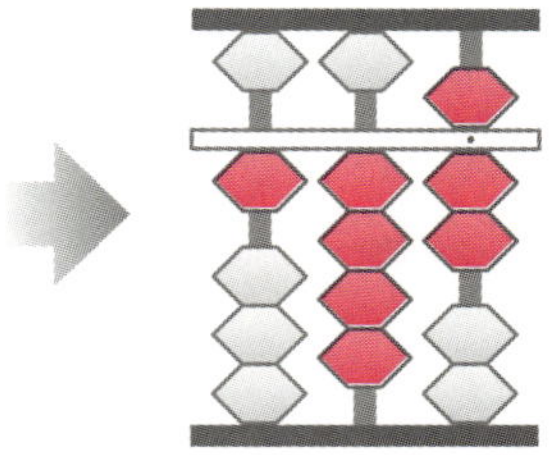

147

▷ 67 ＋ 1,020

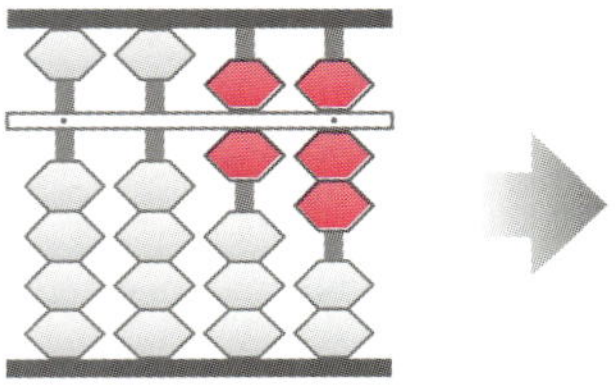

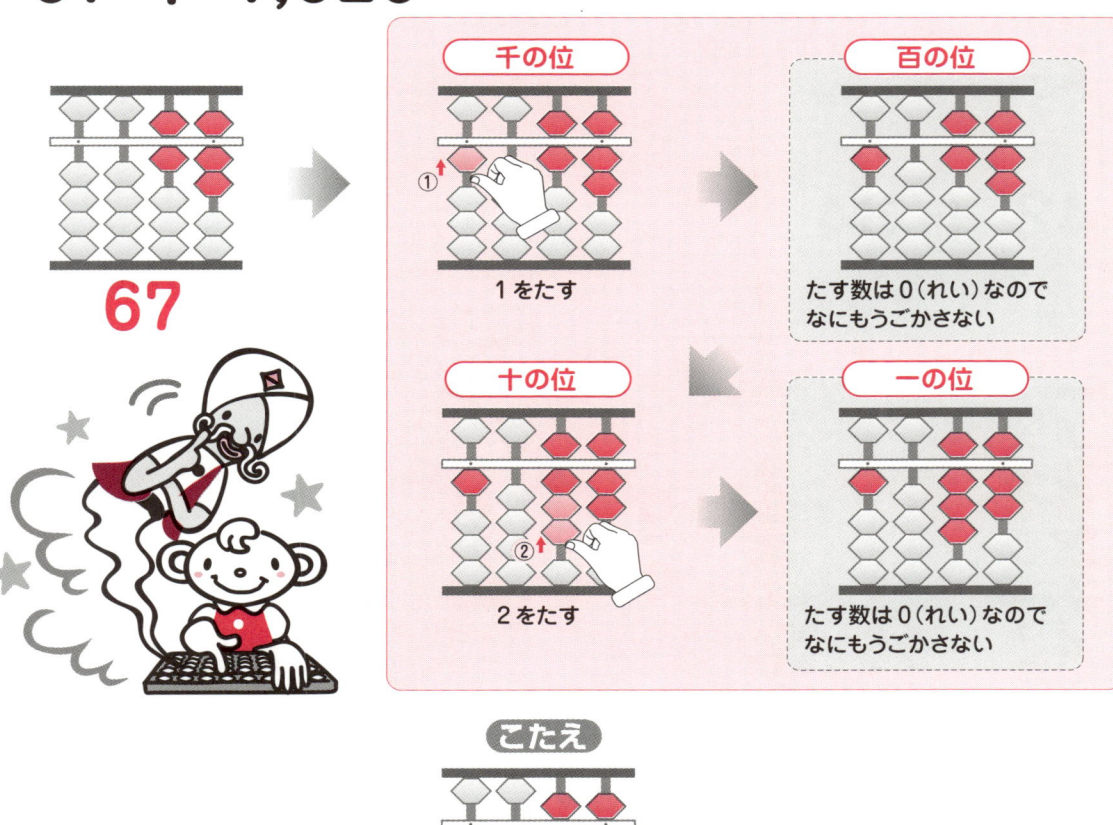

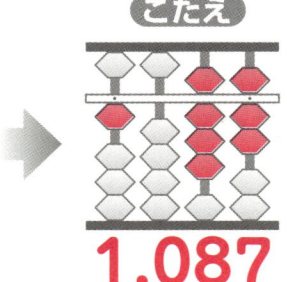

67

千の位

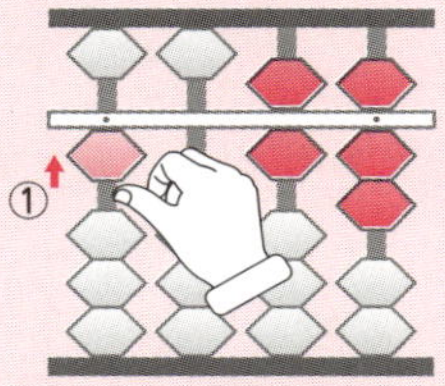

1をたす

百の位

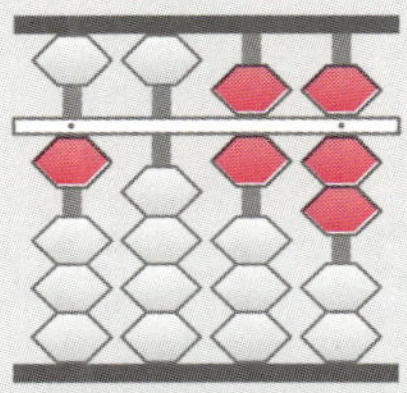

たす数は0(れい)なので
なにもうごかさない

十の位

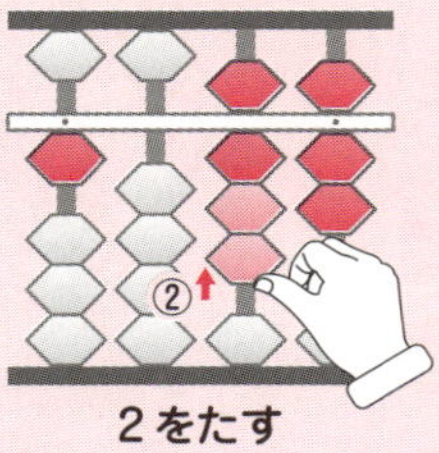

2をたす

一の位

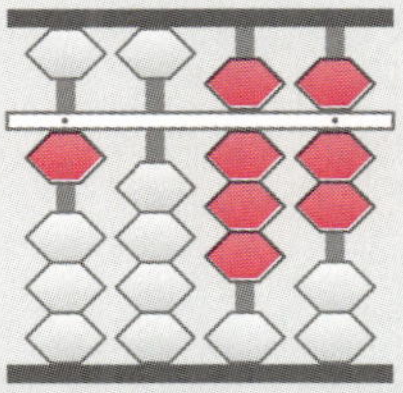

たす数は0(れい)なので
なにもうごかさない

こたえ

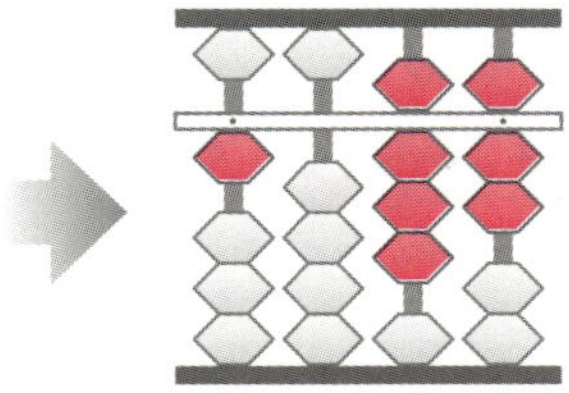

1,087

ステップ2　**5玉をつかう**

▷ 24 ＋ 12

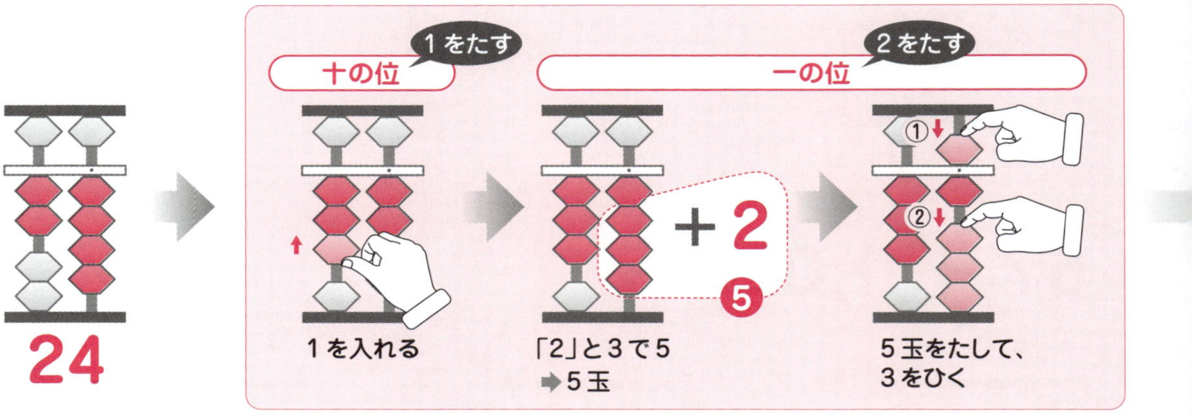
24
十の位
1をたす
一の位
2をたす
1を入れる
＋2
5
「2」と3で5
➡5玉
①
②
5玉をたして、
3をひく

▷ 42 ＋ 34

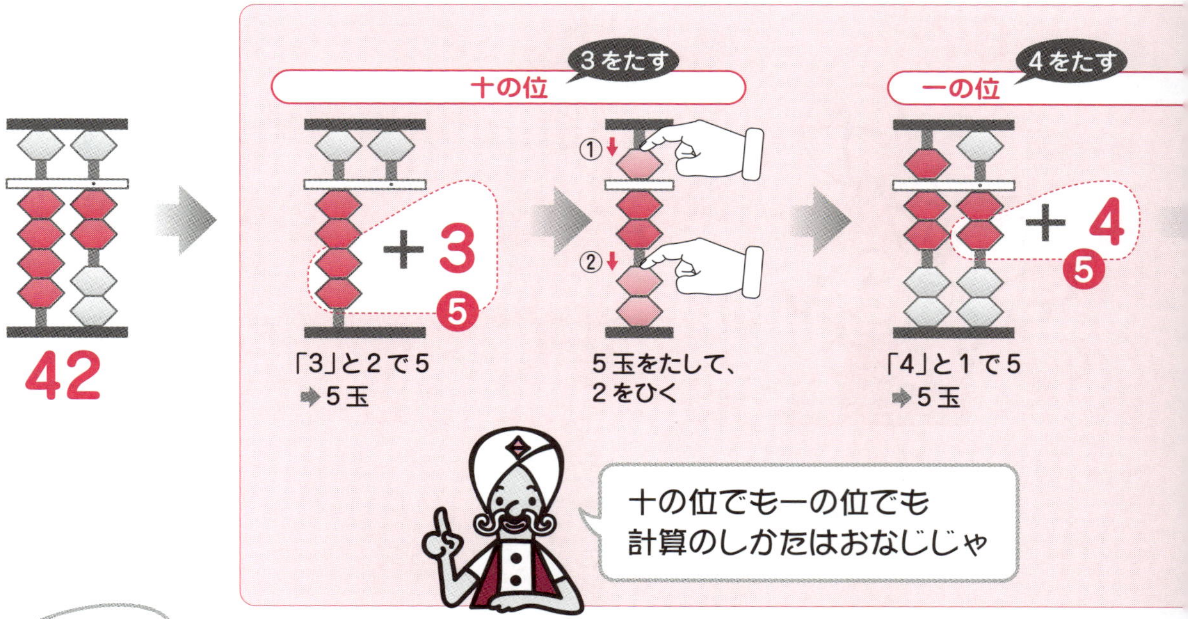
42
十の位
3をたす
一の位
4をたす
＋3
5
「3」と2で5
➡5玉
①
②
5玉をたして、
2をひく
＋4
5
「4」と1で5
➡5玉
十の位でも一の位でも
計算のしかたはおなじじゃ

えーっと…

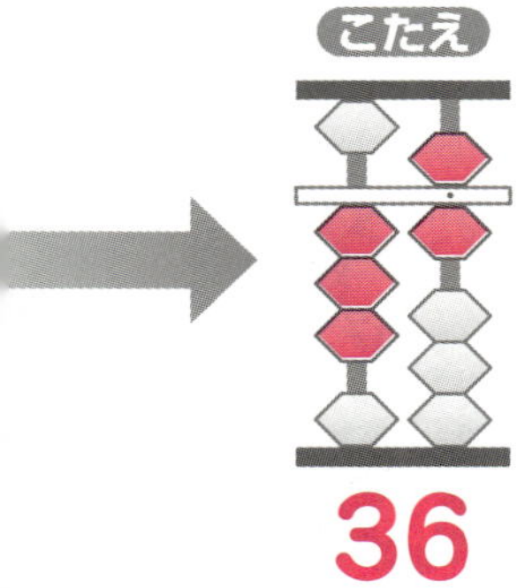
こたえ
36

「＋2は、5たして3をひく」
っておぼえたよね！
（45ページ）

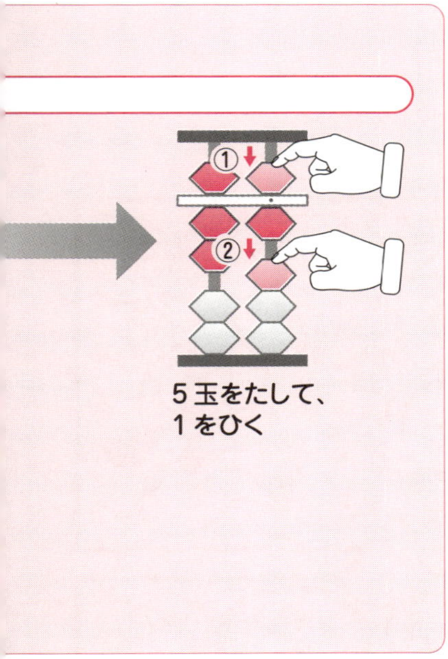
①
②
5玉をたして、
1をひく

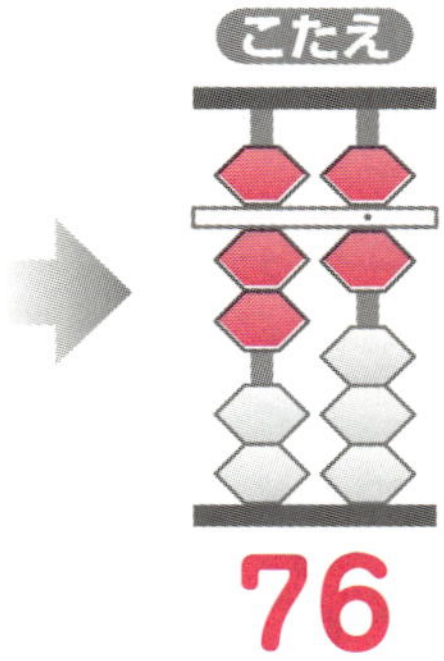
こたえ
76

「5になる数」のペアは
もうおぼえたかな？
「2と3」「1と4」だよ！
2
3
1
4

5 くり上がりのある、大きな数のたし算

月　日

　きょうも、ドリルからはじめましょう。「5 になる数」のドリル、「10 になる数」のドリル、つづいてかんたんなそろばんのもんだいです。これは 2 日めにも、きのうもやったものとおなじものです。これもタイムをはかってみること。はじめにやったときや、きのうより、どれくらいはやくなりましたか？

　もし、「タイムがおそくなった！」というばあいは、勉強したことをわすれているのですから、かならず、もう 1 かいやりましょう。

すぐにみなおす
ことがだいじ
じゃよ！

[こたえのページ]

ウォーミングアップ・ドリル 1　**5 になる数**　➡　130 ページ
ウォーミングアップ・ドリル 2　**10 になる数**　➡　131 ページ
ウォーミングアップ・ドリル 3　**ゆびならしをしよう！**　➡　61 ページ

わっ!!
ごめん、ソロ！
いた〜〜い!!
いいきもちで、ねてたのに〜〜
ボボン
ホントだ!!
きもちいい〜
ベンリ〜〜
ちがうんだよな〜
そろばんは手でつかってね！
のっちゃイヤよ！

ウォーミングアップ・ドリル 1

5になる数

もくひょう：おとな 30 秒 / 子ども 2 分　タイム 分 秒

1	
3	
2	
4	
0	
5	
2	
4	
1	
3	

5	
1	
4	
2	
0	
5	
1	
3	
4	
0	

1	
3	
0	
2	
5	
4	
3	
0	
2	
5	

ウォーミングアップ・ドリル2

10になる数

もくひょう：おとな 30 秒／子ども 2 分　タイム　　分　　秒

2	
1	
4	
3	
6	
5	
7	
0	
8	
9	

5	
3	
4	
9	
8	
7	
1	
2	
6	
0	

3	
8	
1	
6	
5	
2	
7	
0	
9	
4	

ウォーミングアップ・ドリル 3　ゆびならしをしよう!

もくひょう 1 分　タイム　分　秒

① 1＋1＝　② 2＋3＝　③ 4＋2＝

④ 3＋6＝　⑤ 7＋5＝　⑥ 2＋8＝

⑦ 3＋7＝　⑧ 8＋4＝

⑨ 6＋5＝　⑩ 7＋7＝

⑪ 6＋6＝　⑫ 8＋6＝

こたえとやりかたは
61 ～ 63 ページを見てね

もうひとつ、きのうのふくしゅうもしておきましょう。

ちょうせん!

もくひょう 1 分 20 秒　タイム　分　秒

① 12＋10＝　② 21＋15＝　③ 54＋12＝

④ 62＋14＝　⑤ 34＋41＝　⑥ 103＋12＝

⑦ 44＋12＝　⑧ 233＋43＝　⑨ 321＋430＝

こたえ

①22　②36　③66　④76　⑤75　⑥115　⑦56　⑧276　⑨751

それでは、きょうのそろばんをはじめます。きょうは、くり上がりのある、大きな数のたし算です。

ステップ3　くり上がる

▷ 27 ＋ 53

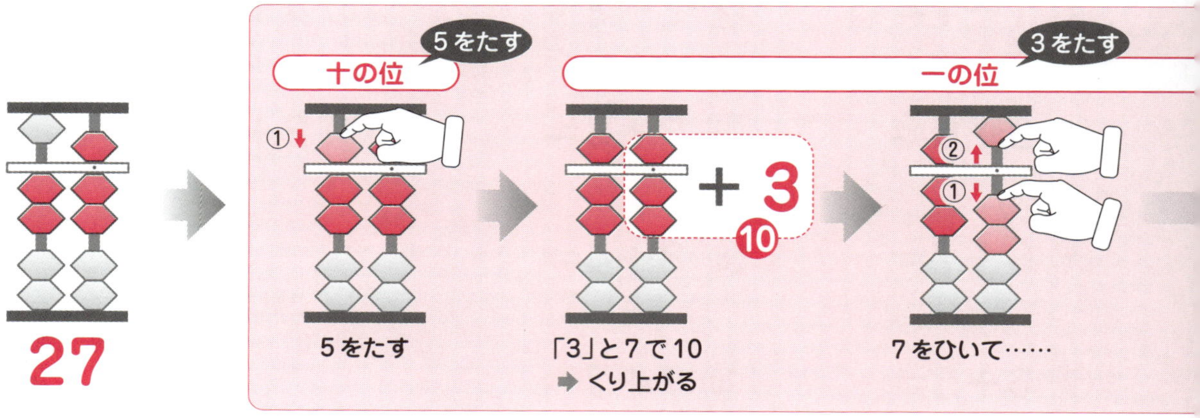
27
十の位
5をたす
①
5をたす
一の位
3をたす
＋3
10
「3」と7で10
➡ くり上がる
②
①
7をひいて……

▷ 34 ＋ 71

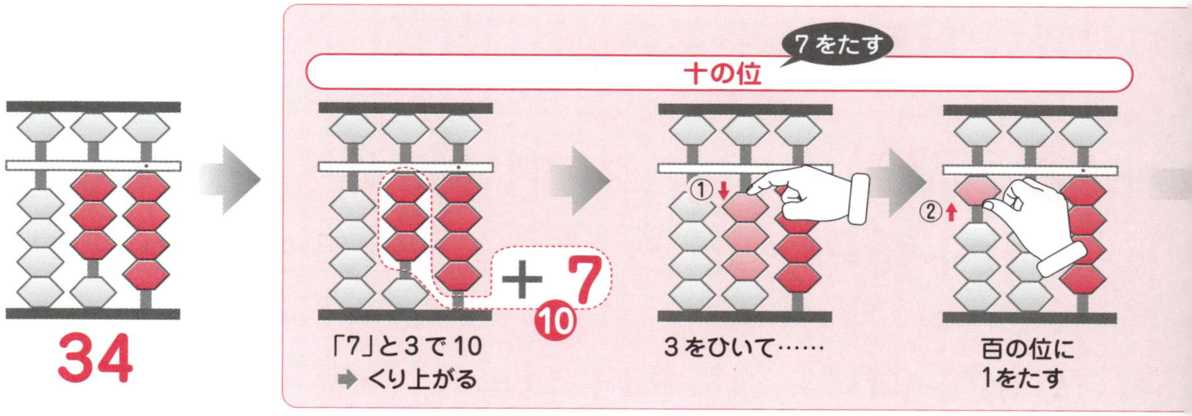
34
十の位
7をたす
＋7
10
「7」と3で10
➡ くり上がる
①
3をひいて……
②
百の位に
1をたす

ぼくたちは
「10になるなかま」だよ！
3
7

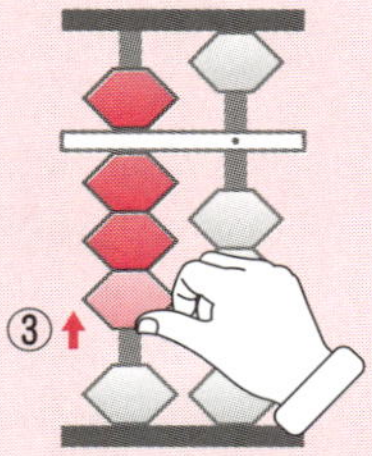

十の位に
1をたす

こたえ

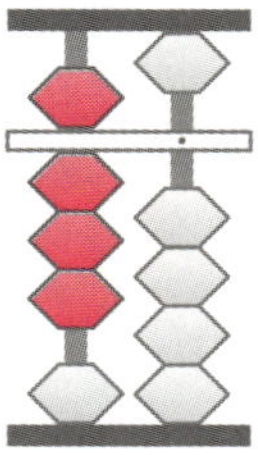

80

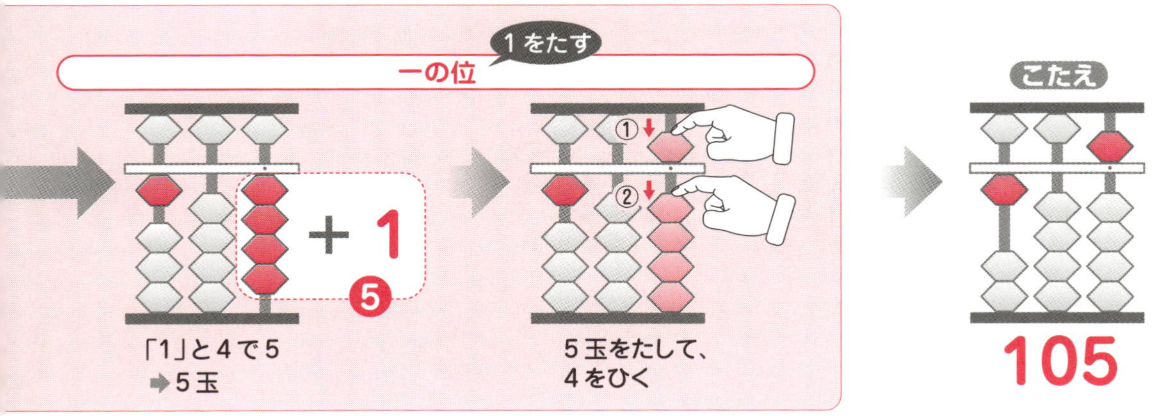

一の位

1をたす

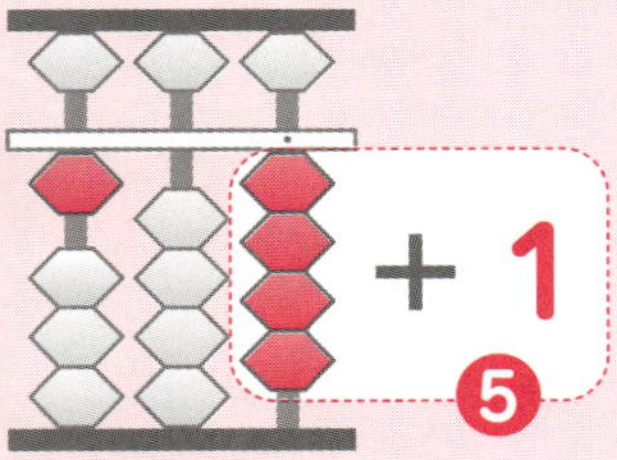

「1」と4で5
➡5玉

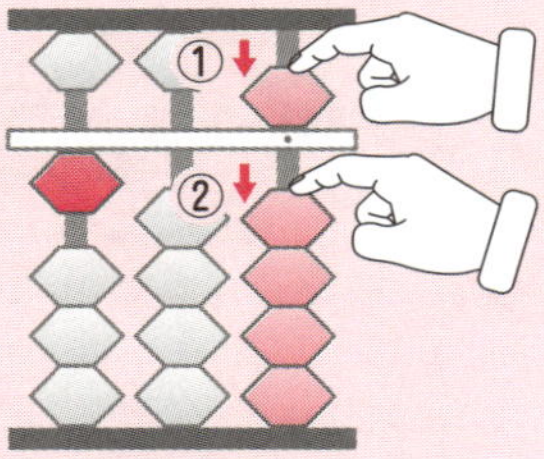

5玉をたして、
4をひく

こたえ

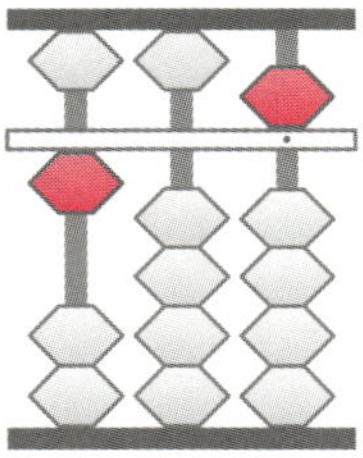

105

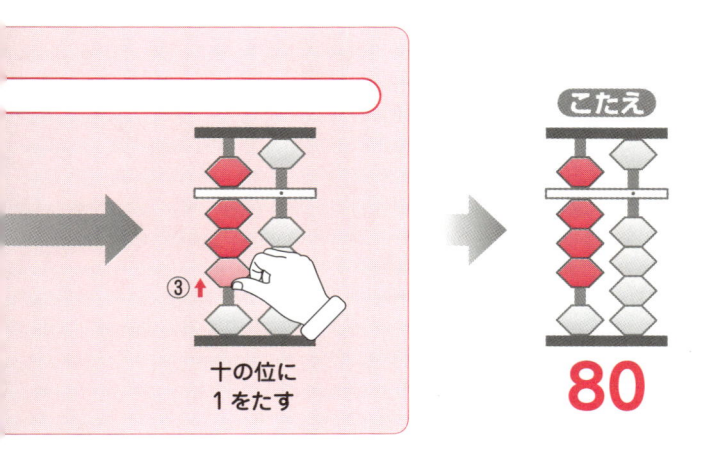

▷63 ＋ 37

くり上がりがつづくたし算です。ゆっくりでいいですから、正しくまねしてみましょう。

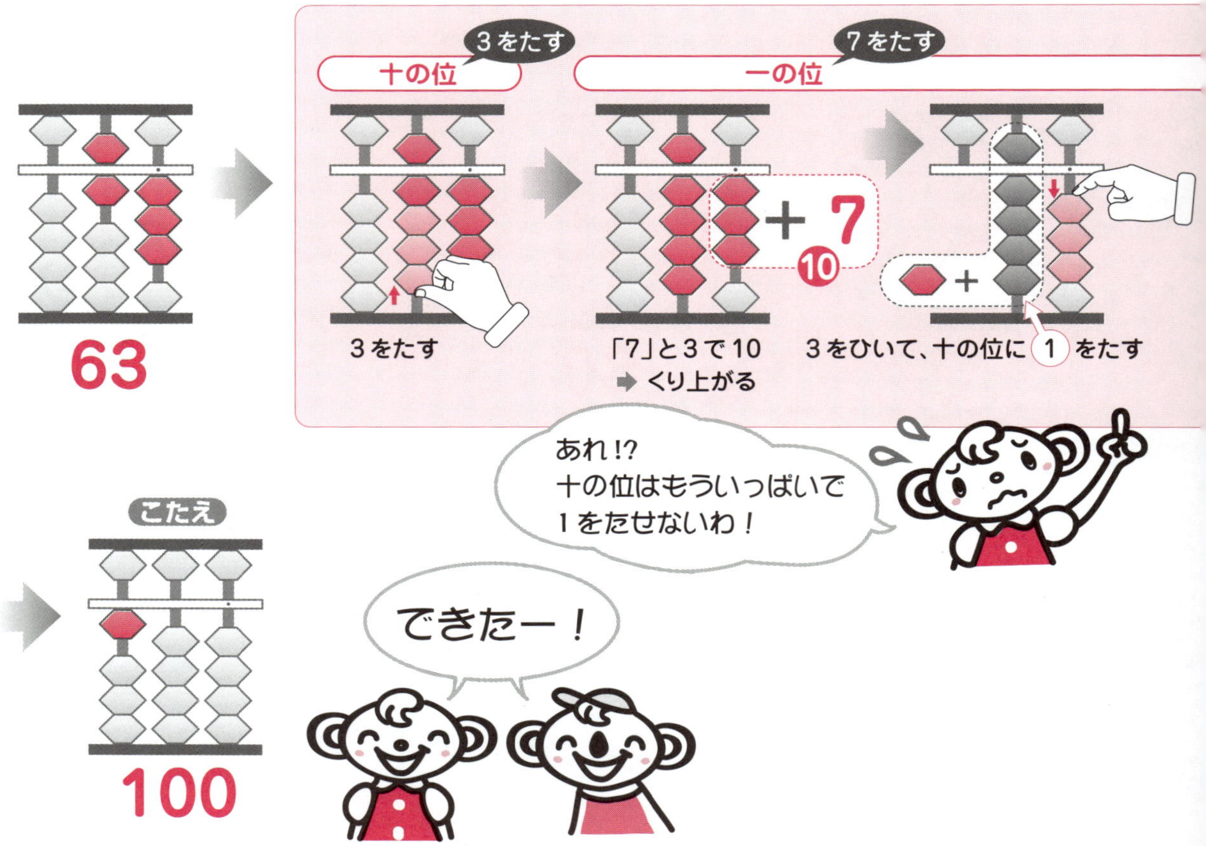
63
十の位
3をたす
一の位
7をたす
3をたす
＋7
10
「7」と3で10
➡くり上がる
3をひいて、十の位に 1 をたす
あれ!?
十の位はもういっぱいで
1をたせないわ!
こたえ
100
できたー！

ちょうせん！

もくひょう 50 秒　タイム　分　秒

① 16＋14＝　② 37＋23＝　③ 25＋25＝

④ 68＋27＝　⑤ 32＋19＝　⑥ 78＋80＝

こたえ

① 30　② 60　③ 50　④ 95　⑤ 51　⑥ 158

一の位

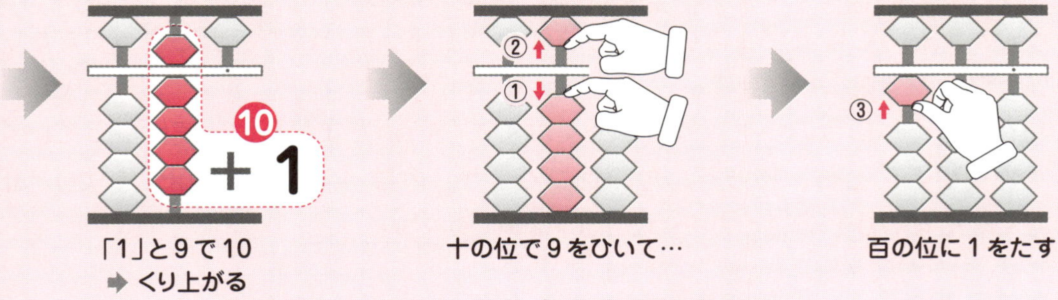
10
＋1
②
①
③
「1」と9で10
➡ くり上がる
十の位で9をひいて…
百の位に1をたす

そうか！
つづけて
くり上がれば
いいのね！
だいぶわかって
きたのう
よし
よし

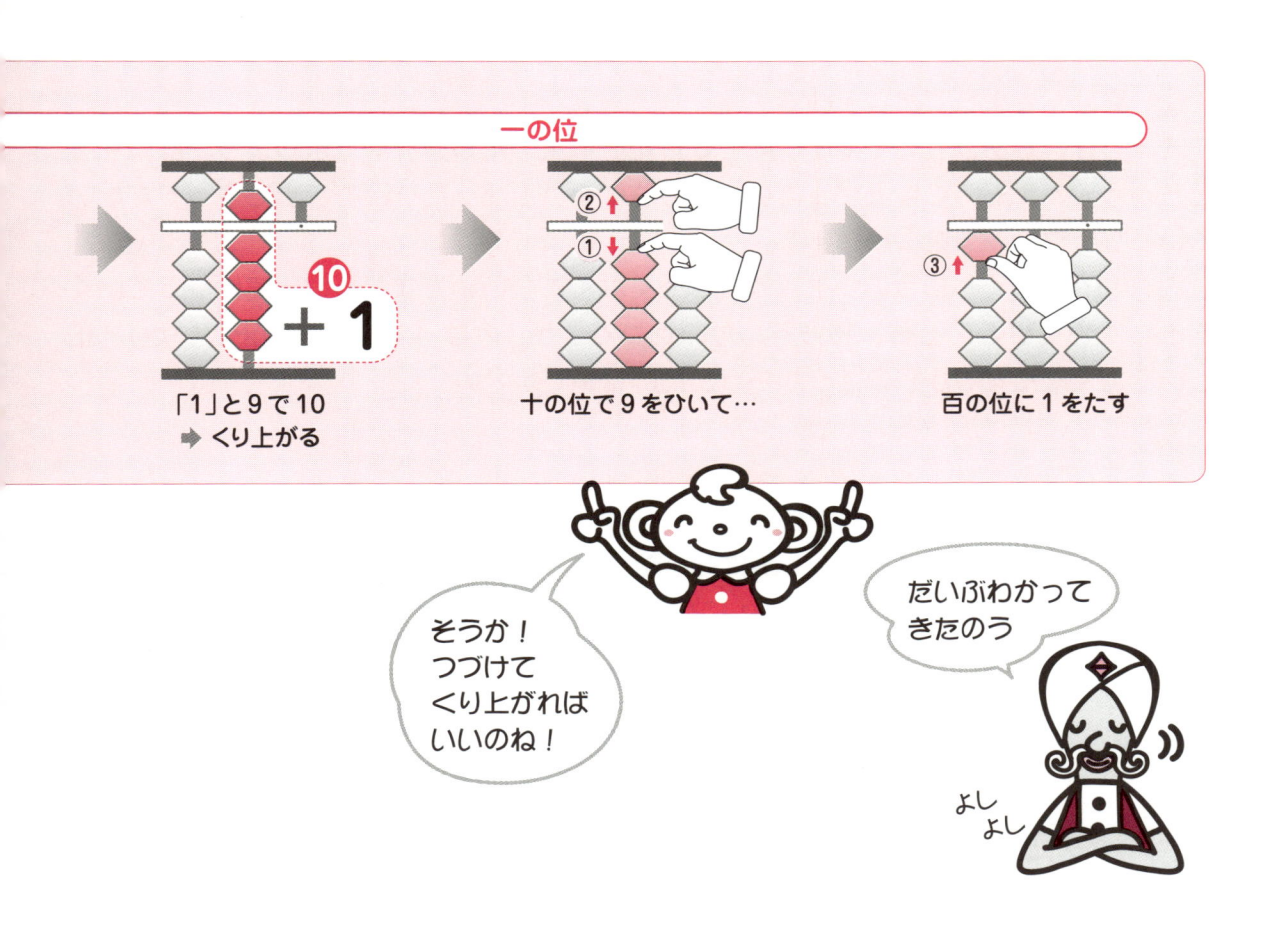

ちょうせん！

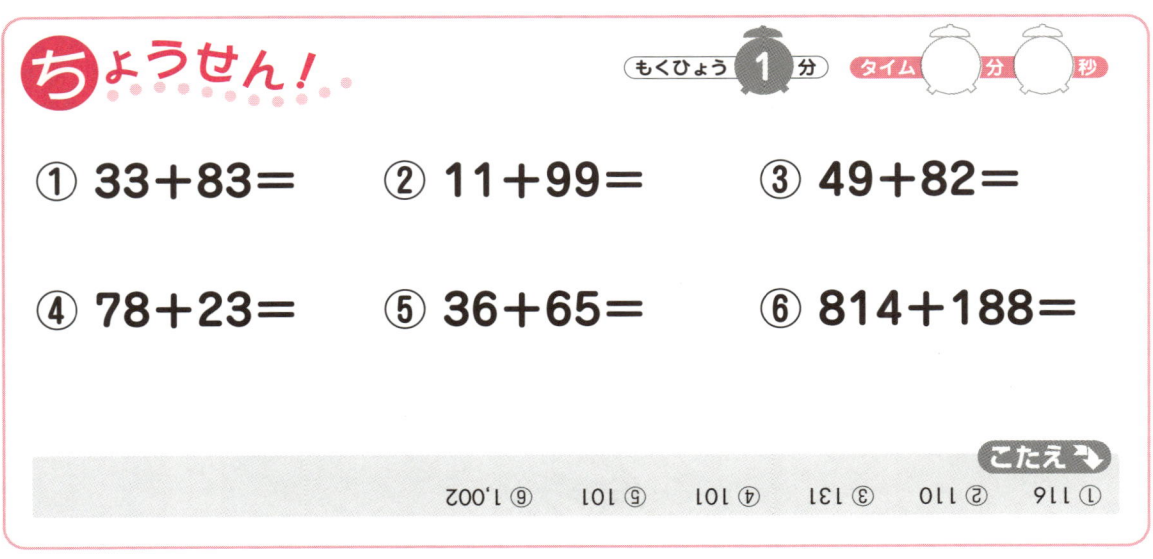

もくひょう 1 分　タイム　分　秒

① 33＋83＝　② 11＋99＝　③ 49＋82＝

④ 78＋23＝　⑤ 36＋65＝　⑥ 814＋188＝

こたえ

① 116　② 110　③ 131　④ 101　⑤ 101　⑥ 1,002

6 たし算のしあげ

月　　日

たし算は、きょうでおしまいです。

きょうは、しあげとして「3 けた＋ 3 けた」以上のたし算をやりましょう。計算するとちゅうで、5 玉にくり上がったり、十の位にくり上がったり、これまでやってきたいろいろなテクニックをつかいます。

これまでのふくしゅうのつもりで、はやくなくてもいいですから、確実《かくじつ》にやっていくこと。はやくやることも、もちろんたいせつですが、今は「やりかたが正しいか」「正しいこたえをだせるか」のほうがもっとたいせつです。

それでは、ドリルからはじめてください。

[こたえのページ]

ウォーミングアップ・ドリル 1　**5 になる数** ➡ 130 ページ

ウォーミングアップ・ドリル 2　**10 になる数** ➡ 131 ページ

ウォーミングアップ・ドリル 3　**ゆびならしをしよう！** ➡ 61 ページ

ウォーミングアップ・ドリル 1

5になる数

もくひょう：おとな 30 秒 / 子ども 2 分　タイム　分　秒

1	
3	
2	
4	
0	
5	
2	
4	
1	
3	

5	
1	
4	
2	
0	
5	
1	
3	
4	
0	

1	
3	
0	
2	
5	
4	
3	
0	
2	
5	

ウォーミングアップ・ドリル2

10になる数

もくひょう：おとな 30 秒 / 子ども 2 分　タイム　分　秒

2	
1	
4	
3	
6	
5	
7	
0	
8	
9	

5	
3	
4	
9	
8	
7	
1	
2	
6	
0	

3	
8	
1	
6	
5	
2	
7	
0	
9	
4	

ウォーミングアップ・ドリル 3　ゆびならしをしよう!

もくひょう 1 分　タイム　分　秒

① 1+1=　② 2+3=　③ 4+2=

④ 3+6=　⑤ 7+5=　⑥ 2+8=

⑦ 3+7=　⑧ 8+4=　⑨ 6+5=

⑩ 7+7=　⑪ 6+6=　⑫ 8+6=

ヒント! あわせて 5 になる数と、あわせて 10 になる数をかんがえるのがポイントです。

もうかんたんすぎて、「ものたりない」というひとも多いかもしれませんね。

つぎに、きのうやったところのふくしゅうもんだいをのせましたので、やってみてください。

わからなくなったときは、学《まな》んだページにすぐにもどること。わからなくなったときや自信《じしん》がないときは、すぐにふくしゅうするのがいちばんのコツなんですよ。

ちょうせん!

もくひょう 2 分 30 秒　タイム　分　秒

① 23+11=　② 37+51=　③ 42+13=

④ 37+23=　⑤ 44+16=　⑥ 305+108=

⑦ 59+14=　⑧ 89+12=　⑨ 38+67=

⑩ 32+73=　⑪ 1,053+148=

⑫ 3,265+1,809=　⑬ 6,823+7,177=

こたえ

① 34　② 88　③ 55　④ 60　⑤ 60　⑥ 413　⑦ 73　⑧ 101　⑨ 105　⑩ 105

⑪ 1,201　⑫ 5,074　⑬ 14,000

きょうは、3けた以上のたし算です。
けたが大きくなると、すこし計算がややこしくおもえるかもしれませんが、やりかたはこれまでとおなじです。

右の[計算のコツ]に気をつけるのがポイントじゃよ

▷ 251 ＋ 623

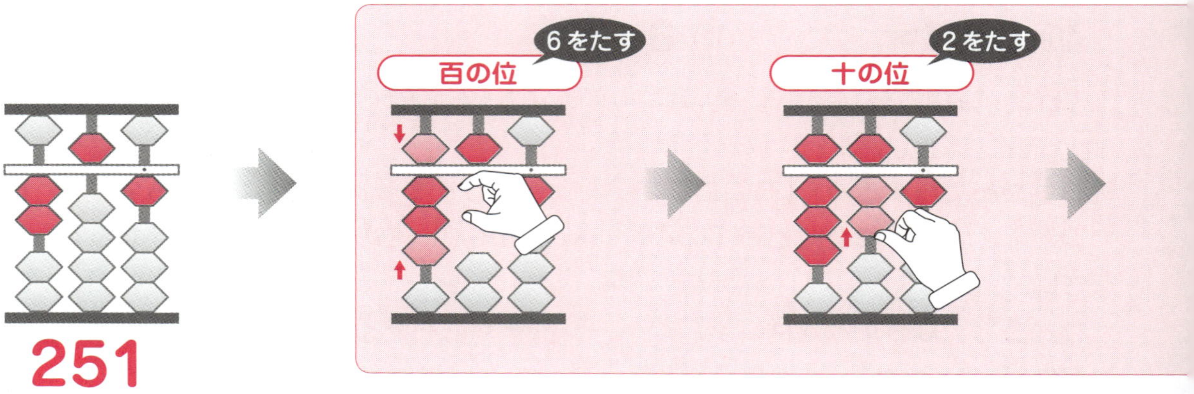
251
6をたす
百の位
2をたす
十の位

▷ 258 ＋ 304

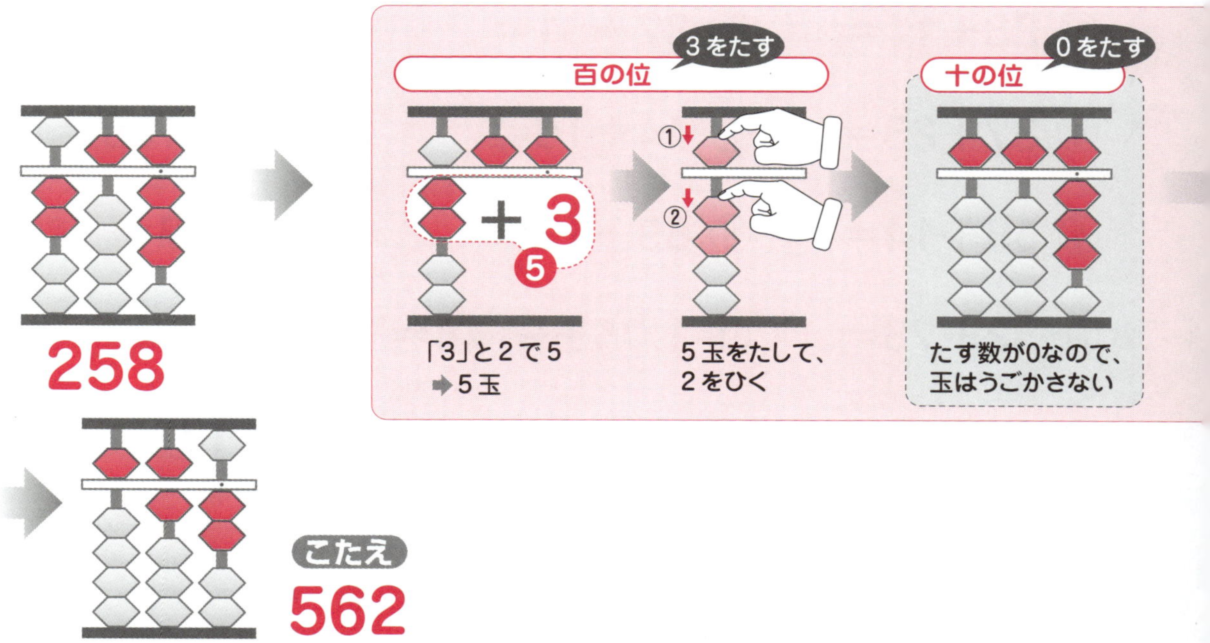
258
3をたす
百の位
＋3
5
「3」と2で5
➡5玉
①
②
5玉をたして、
2をひく
0をたす
十の位
たす数が0なので、
玉はうごかさない
こたえ
562

● 計算のコツ

① 定位点のあるところを一の位にする
② 大きい位からじゅんばんにたしていく
（定位点から左にいくほど、十の位、百の位…と、位が大きくなる）
③「5をつくる」「10をつくる」ことを心がけながら計算する

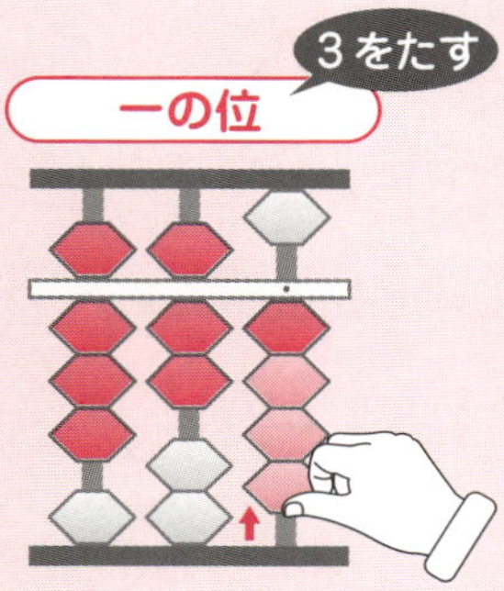
3をたす
一の位

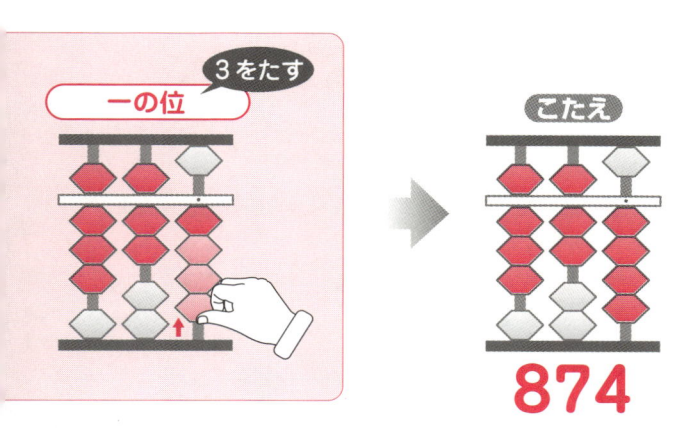

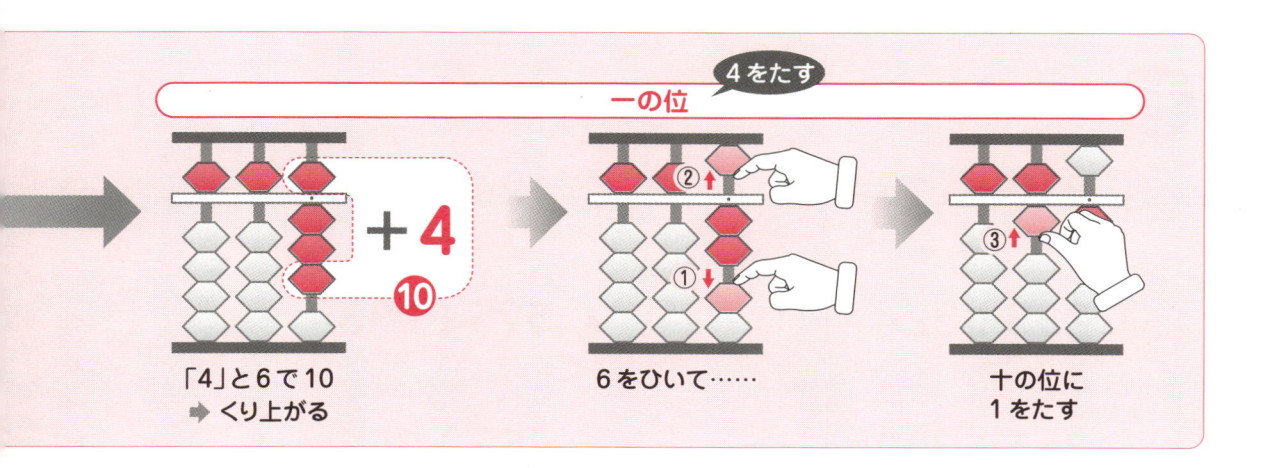

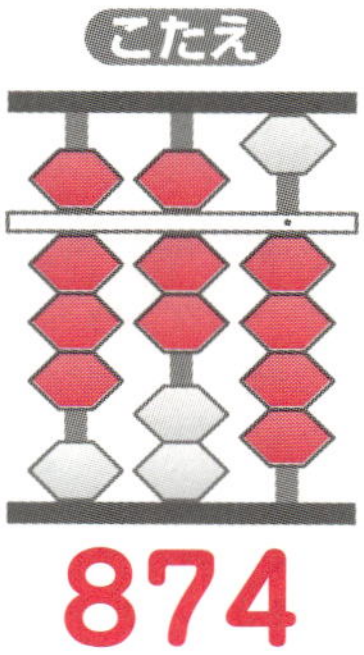
こたえ
874

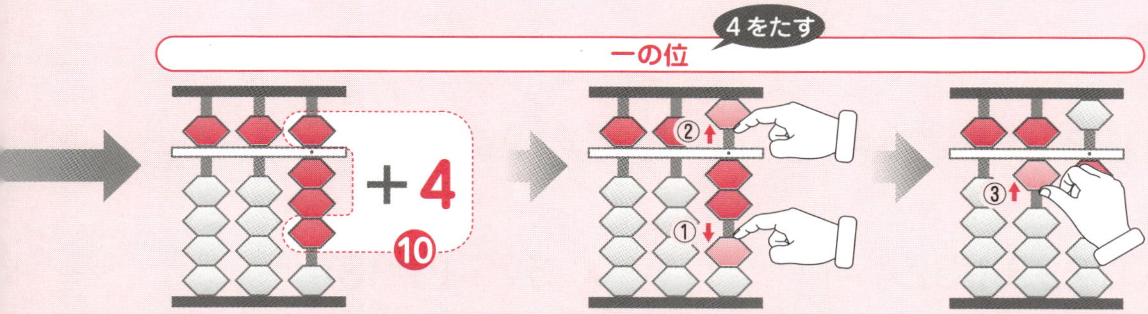
4をたす
一の位
+4
10
②
①
③

「4」と6で10
➡ くり上がる

6をひいて……

十の位に
1をたす

▷ 429 ＋ 582

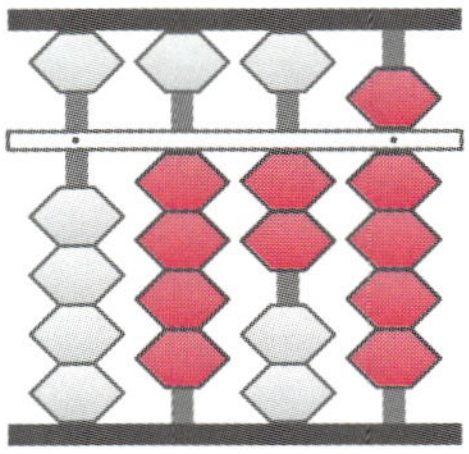

429

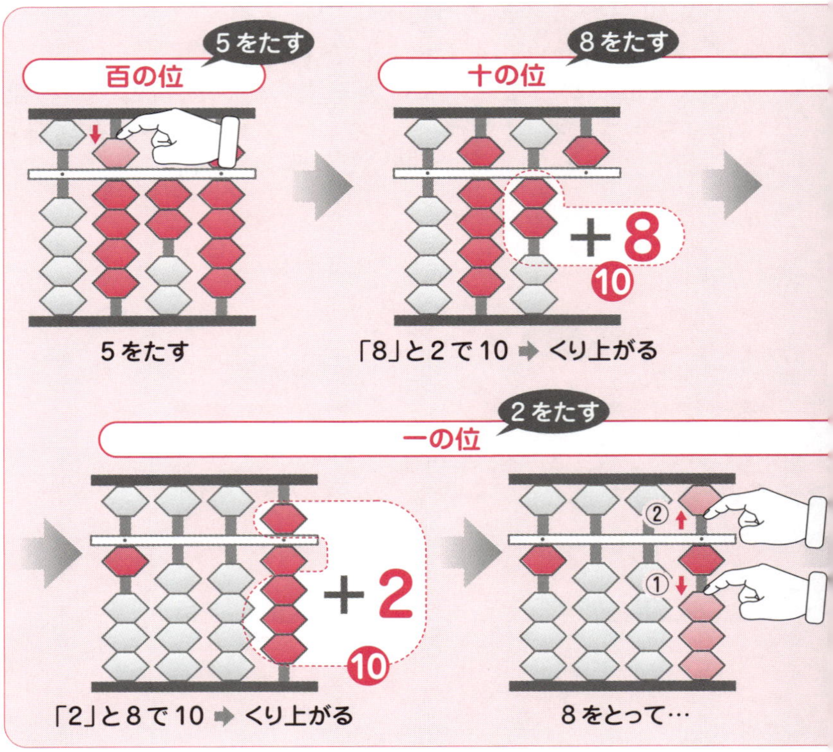
5をたす
百の位
5をたす
8をたす
十の位
＋8
10
「8」と2で10 ➡ くり上がる
2をたす
一の位
＋2
10
「2」と8で10 ➡ くり上がる
②
①
8をとって…

えーっと…

ちょうせん！

もくひょう 1 分 20 秒　タイム 分 秒

① 210＋113＝　　② 124＋621＝

③ 223＋324＝　　④ 675＋283＝

⑤ 351＋720＝　　⑥ 657＋352＝

こたえ

① 323　② 745　③ 547　④ 958　⑤ 1,071　⑥ 1,009

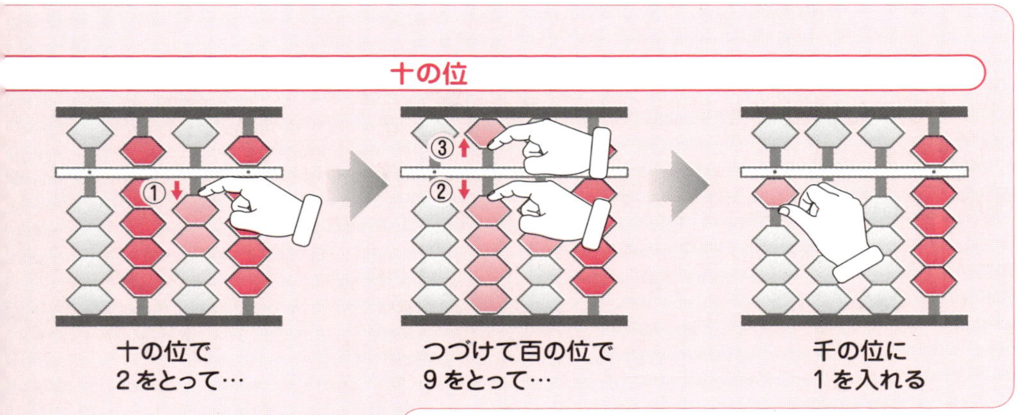
十の位
①
十の位で
2をとって…
③
②
つづけて百の位で
9をとって…
千の位に
1を入れる

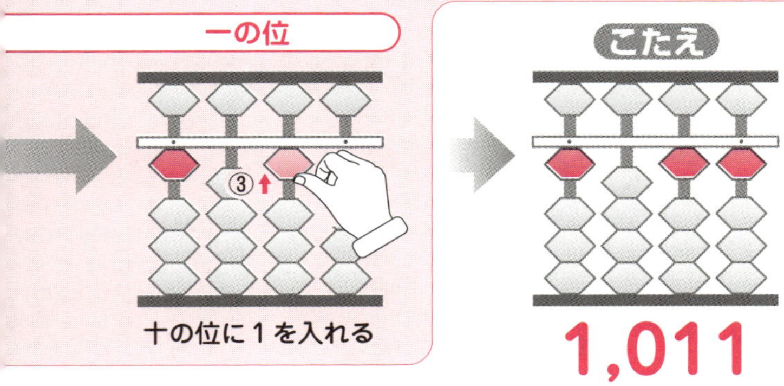
一の位
③
十の位に1を入れる
こたえ
1,011

つづけて
くり上がるんじゃよ

これでたし算はおしまいです。しあげに、「みとり算《ざん》」にちょうせんしましょう。

計算するときは、「1たす1たす…」というように、こえにだすこと。

そろばん教室《きょうしつ》では、たいてい、「こえにださないで計算すること」とされているようです。会社《かいしゃ》や学校、検定会場で計算するときのことをかんがえれば、そのほうがよいというわけですが、この本では脳《のう》の活性化《かっせいか》のため、あえてこえをだすことをすすめています（➡プロローグ）。

「1円なり、2円なり、4《よん》円なり……」や「たして1、2、4……」というように、おかあさんなどに読《よ》み上げてもらってもいいでしょう。

また、できればエンピツをもちながらやってみましょう。そのほうが、こたえをはやくかけますし、そろばんで計算するのにあった手のかたちがみにつきます。

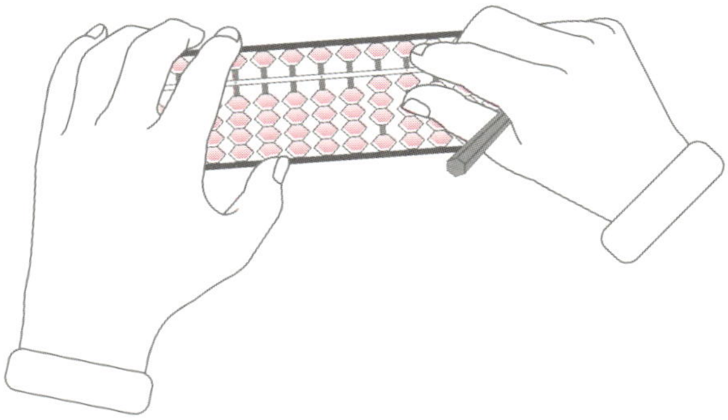

ちょうせん！ みとり算

やりかた

上から下にじゅんばんに計算していき、いちばん下にこたえをかきます。

こたえが 4 けた以上になったときは、3 けたごとに「，」（コンマ）をつけます。

れい 1,061　1,011,235

No.	①
1	2
2	7
3	13
4	118
5	67
6	331
7	528
計	1,066

2 ＋ 7 ＋ 13 ＋ ⋮

じゅんにたしていく

もくひょう 2 分　タイム　分　秒

1

No.	①	②	③	④	⑤
1	1	1	2	8	4
2	2	2	6	4	7
3	4	8	3	6	9
4	3	3	4	7	4
5	5	5	1	3	6
計					

2

No.	①	②	③	④	⑤
1	10	8	9	70	13
2	6	17	6	105	38
3	9	15	6	211	89
4	30	26	58	27	126
5	20	14	23	19	35
計					

こたえ

1 ① 15　② 19　③ 16　④ 28　⑤ 30

2 ① 75　② 80　③ 102　④ 432　⑤ 301

もっとちょうせん！ みとり算

※じぶんのペースにあわせてすすめましょう。また、くりかえしれんしゅうしましょう。

もくひょう　2分20秒

タイム❶　月　日　分　秒

タイム❷　月　日　分　秒

1

No.	①	②	③	④	⑤
1	1	2	3	4	2
2	2	5	2	3	6
3	1	2	7	5	6
計					

2

No.	①	②	③	④	⑤
1	6	2	9	2	4
2	4	6	5	8	4
3	1	7	4	3	3
4	6	8	3	4	17
5	3	1	4	6	6
計					

3

No.	①	②	③	④	⑤
1	6	12	16	28	16
2	8	8	11	30	24
3	9	19	14	56	32
4	13	7	51	5	3
5	5	24	9	1	26
計					

こたえ

1 ①4　②9　③12　④12　⑤14　**2** ①20　②24　③25　④23　⑤34

3 ①41　②70　③101　④120　⑤101

もくひょう 3分

タイム❶ 月 日 分 秒

タイム❷ 月 日 分 秒

1

No.	①	②	③	④	⑤
1	3	2	7	2	8
2	2	1	5	8	6
3	3	8	1	9	2
4	6	9	3	1	3
5	1	5	6	3	4
計					

2

No.	①	②	③	④	⑤
1	11	23	16	8	4
2	12	31	2	9	15
3	4	4	43	12	18
4	3	18	5	22	6
5	8	7	7	9	12
計					

3

No.	①	②	③	④	⑤
1	16	12	51	58	65
2	24	75	63	20	32
3	13	81	17	17	59
4	8	21	4	4	10
5	44	13	6	21	34
計					

こたえ

1 ① 15 ② 25 ③ 22 ④ 23 ⑤ 23 **2** ① 38 ② 83 ③ 73 ④ 60 ⑤ 55

3 ① 105 ② 202 ③ 141 ④ 120 ⑤ 200

もくひょう **2分40秒**

タイム❶　　月　　日　　分　　秒

タイム❷　　月　　日　　分　　秒

1

No.	①	②	③	④	⑤
1	1	3	5	1	13
2	2	5	1	7	9
3	1	6	8	9	2
4	4	7	9	2	27
5	2	1	8	8	5
6	3	7	4	1	8
7	3	8	6	4	3
計					

2

No.	①	②	③	④	⑤
1	18	11	41	14	80
2	4	8	3	50	4
3	23	34	36	28	28
4	9	9	2	53	97
5	4	5	55	6	19
6	1	41	7	71	5
7	6	4	8	33	76
計					

こたえ

1 ① 16　② 37　③ 41　④ 32　⑤ 67

2 ① 65　② 112　③ 152　④ 255　⑤ 309

ZZZ

3

ひき算に ちょうせん！

7 やさしいひき算

月　日

きょうはひき算のきほんてきなやりかたをおぼえましょう。

3 つのステップでおぼえます。きょうは**ステップ 1** と**ステップ 2** をやり、**ステップ 3** は明日やりましょう。

その前に、きょうもドリルからはじめてください。「5 になる数」のドリル、「10 になる数」のドリル、つづいてかんたんなそろばんのもんだいです。

［こたえのページ］

ウォーミングアップ・ドリル 1　**5 になる数**　➡　130ページ

ウォーミングアップ・ドリル 2　**10 になる数**　➡　131ページ

ウォーミングアップ・ドリル 3　**ゆびならしをしよう！**　➡　61ページ

ほしがきれいだなー
キラ
キラ
キラ〜
あっ！ながれぼし
よみ、かき、そろばんっ
あっ！ まだおわらない！
サッカー、ひこうき、おやつ
ヒュ〜〜ン
これであしたは
てんさいだぁ〜
ワク
ワク
ドーーン！
いたたたた〜。トホホ
またきちゃったよ〜〜
いや〜ん
こわいよ〜〜

ウォーミングアップ・ドリル 1

5になる数

もくひょう：おとな 30 秒 / 子ども 2 分　タイム　分　秒

1	
3	
2	
4	
0	
5	
2	
4	
1	
3	

5	
1	
4	
2	
0	
5	
1	
3	
4	
0	

1	
3	
0	
2	
5	
4	
3	
0	
2	
5	

ウォーミングアップ・ドリル2

10になる数

もくひょう：おとな30秒／子ども2分　タイム　分　秒

2	
1	
4	
3	
6	
5	
7	
0	
8	
9	

5	
3	
4	
9	
8	
7	
1	
2	
6	
0	

3	
8	
1	
6	
5	
2	
7	
0	
9	
4	

ウォーミングアップ・ドリル 3　ゆびならしをしよう!

もくひょう 1 分　タイム　分　秒

① 1〜10 まで、たしましょう。

1＋2＋3＋4＋5＋6＋7＋8＋9＋10＝

② 1〜20 まで、たしましょう。

1＋2＋3＋4＋5＋6＋7＋8＋9＋10＋11＋12＋13
＋14＋15＋16＋17＋18＋19＋20＝

いくつになりましたか？

こたえは、①が 55、②が 210 です。

きょうから、ゆびならしとして毎日トレーニングしましょう。そのうち、しぜんとゆびがすらすらうごくようになり、たのしいものです。タイムも 30 秒をきるようになります。

なれてきたら、30 まで、40 まで……と、たす数をふやしていきましょう。こたえは右のとおりです。なお、つづけてやるときは、こたえがあっているか、10 ごとにこたえあわせしてもかまいません。

たす数	こたえ
1〜10	55
〜20	210
〜30	465
〜40	820
〜50	1,275

それでは、きょうのそろばんをはじめます。

ひき算のきほん

ステップ 1

▷ 3 － 2

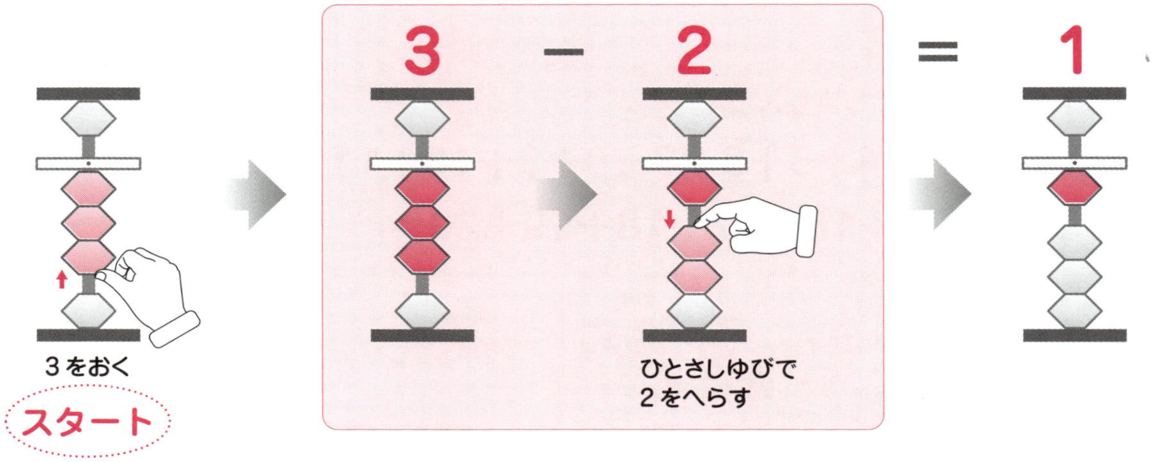

3 － 2 ＝ 1
3 をおく
スタート
ひとさしゆびで
2 をへらす

2 をひくときは
2 つへらすんだね

▷ 7 － 5

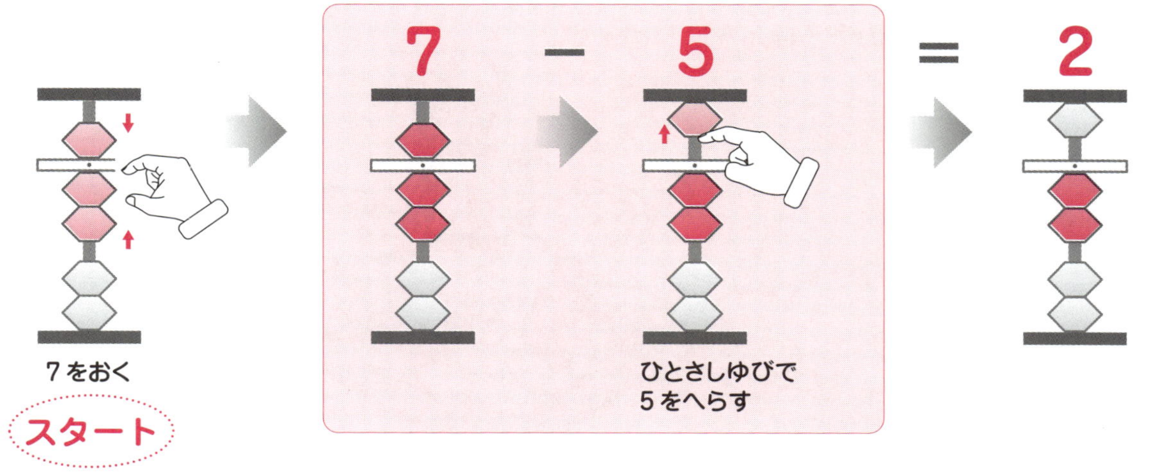

7 － 5 ＝ 2
7 をおく
スタート
ひとさしゆびで
5 をへらす

▷8 − 6

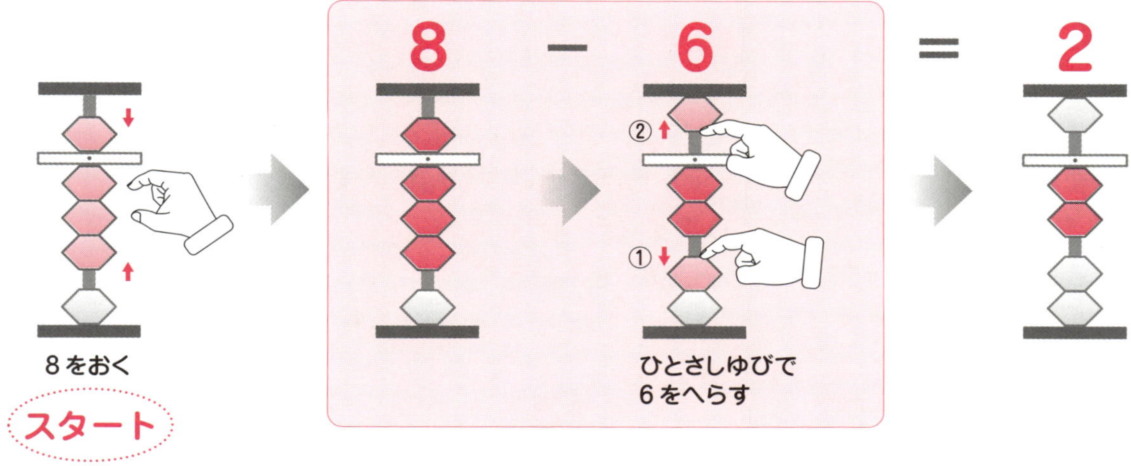
8
−
6
=
2
8をおく
スタート
②
①
ひとさしゆびで
6をへらす

ちょうせん！

もくひょう 40 秒　タイム　分　秒

① 2−1=　② 4−3=　③ 6−5=

④ 8−5=　⑤ 6−1=　⑥ 8−2=

⑦ 6−6=　⑧ 9−7=　⑨ 8−6=

こたえ

① 1　② 1　③ 1　④ 3　⑤ 5　⑥ 6　⑦ 0　⑧ 2　⑨ 2

ステップ2　5玉をつかう

▷7 － 4

まず、7 をおいてください。

つぎに、そこから 4 をひく。ここで、ふつうは 1 玉を 4 つへらすのですが、それができません。こういうときは、5 玉からひくことをかんがえます。

5 玉から 4 ひくと、1 がのこります（5−4=1）。

そこで、そろばん上に、まず、その 1 を入れます。

そして、5 玉をとります。

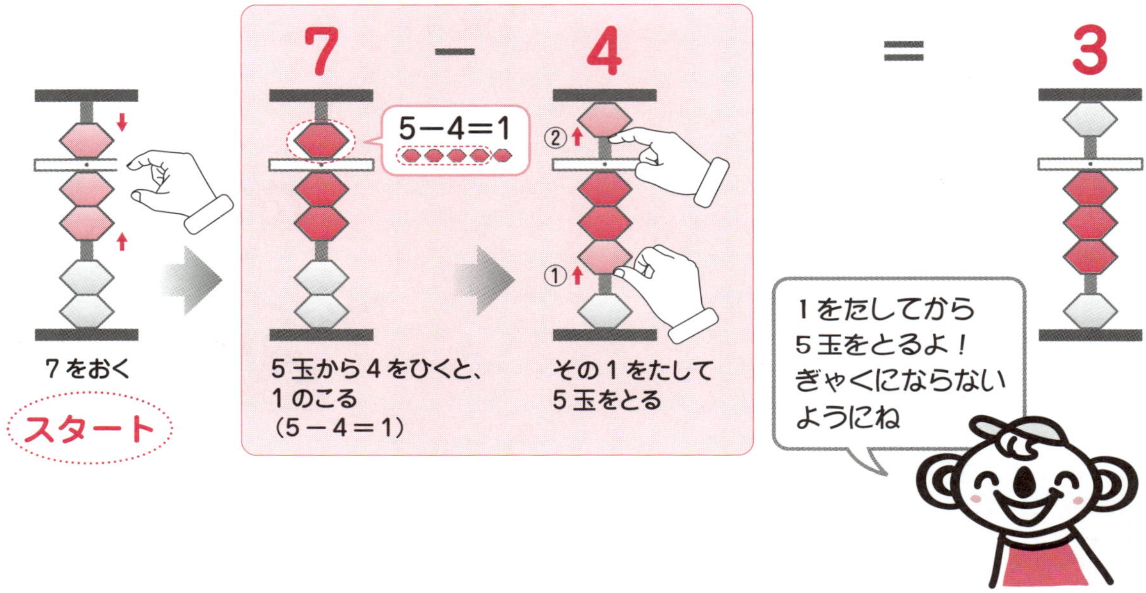

7
−
4
=
3
5−4=1
②
①
7をおく
スタート
5玉から4をひくと、
1のこる
（5−4=1）
その1をたして
5玉をとる
1をたしてから
5玉をとるよ！
ぎゃくにならない
ようにね

5 玉をくずすときの計算は、つぎの 4 つだけです。おぼえてしまいましょう。

5 ひく 1 は 4　　5 ひく 2 は 3　　5 ひく 3 は 2　　5 ひく 4 は 1

そろばんのゆびのうごきとしては、つぎのようになります（上の計算はパターン④）。

パターン①　**1** をひきたい。でも、1 玉からはひけない。➡ **4** をたして 5 玉をとる。

パターン②　**2** をひきたい。でも、1 玉からはひけない。➡ **3** をたして 5 玉をとる。

パターン③　**3** をひきたい。でも、1 玉からはひけない。➡ **2** をたして 5 玉をとる。

パターン④　**4** をひきたい。でも、1 玉からはひけない。➡ **1** をたして 5 玉をとる。

この4つのパターンは、ひき算のきほん中のきほんです。つぎのようにまとめておぼえておくと、そろばんでひき算をやるときにべんりかもしれません。

おぼえよう！

−《ひく》1は ➡ 4をたして ➡
−2は ➡ 3をたして ➡
−3は ➡ 2をたして ➡
−4は ➡ 1をたして ➡

5玉をとる！
5をひく！

ちょうせん！

もくひょう 1分　タイム　分　秒

① 5−2＝　② 6−3＝　③ 6−2＝

④ 5−4＝　⑤ 7−3＝　⑥ 6−4＝

⑦ 8−4＝　⑧ 5−1＝　⑨ 7−4＝

こたえ
①3 ②3 ③4 ④1 ⑤4 ⑥2 ⑦4 ⑧4 ⑨3

いかがでしたか？
「1玉を入れてから、5玉をとる」というじゅんばんで、できましたか？

きょうは、これでおしまいじゃ。
しあげに、つぎのページで、
きょうやったもんだいに
もう1かいちょうせんしてみよう

ちょうせん！

もくひょう 1分40秒　タイム　分　秒

① 2−1＝	② 8−5＝	③ 6−1＝
④ 9−7＝	⑤ 6−4＝	⑥ 8−4＝
⑦ 7−3＝	⑧ 4−3＝	⑨ 6−3＝
⑩ 7−4＝	⑪ 6−5＝	⑫ 6−2＝
⑬ 5−2＝	⑭ 5−4＝	⑮ 8−2＝
⑯ 8−6＝	⑰ 6−6＝	⑱ 5−1＝

こたえ

①1　②3　③5　④2　⑤2　⑥4　⑦4　⑧1　⑨3　⑩3
⑪1　⑫4　⑬3　⑭1　⑮6　⑯2　⑰0　⑱4

これは、まえにやった「ちょうせん！」（95、97 ページ）と、おなじものです。その 2 つのタイムをあわせた時間と、きょうのタイムでは、どれくらいはやくなったでしょうか？　くらべてみましょう。

そろばんは、「習《なら》うより慣《なれ》れろ」。
とにかく、どんどん、
ゆびをうごかすのが
うまくなるコツじゃよ

8 くり下がりのあるひき算 （　　）月（　　）日

きのうは、ひき算のきほんを**ステップ 2** までやりましたね。きょうは**ステップ 3** にすすみましょう。

ステップ 3 では、13－6=7 のように、こたえの位がくり下がるばあいはどうやるのか、そのやりかたを学びます。

これをやれば、ひき算のきほんルールはもうおしまいです。

それでは、きょうもドリルからスタートしてください。

ウォーミングアップ・ドリル 3「ゆびならしをしよう！」は、たし算のもんだいですが、計算するとちゅうではひき算もたくさんでてきます。がんばってください。

[こたえのページ]

ウォーミングアップ・ドリル 1 **5 になる数** ➡ 130 ページ
ウォーミングアップ・ドリル 2 **10 になる数** ➡ 131 ページ

わーい、
おおきな
ケーキ！
たべちゃおう
まてまて！
それは、わしの
たんじょう日ケーキじゃ
え?! ソロって
たんじょう日、あるの？
あるとも！
8月8日じゃよ
そろばんは、パチパチと
いうじゃろ。だから、8月8日
は「そろばんの日」なんじゃ
おたんじょう日、おめでとう、ソロ

ウォーミングアップ・ドリル 1

5になる数

もくひょう：おとな 30 秒 / 子ども 2 分　タイム　　分　　秒

1	
3	
2	
4	
0	
5	
2	
4	
1	
3	

5	
1	
4	
2	
0	
5	
1	
3	
4	
0	

1	
3	
0	
2	
5	
4	
3	
0	
2	
5	

ウォーミングアップ・ドリル２

10になる数

もくひょう：おとな 30 秒 / 子ども 2 分　タイム　分　秒

2	
1	
4	
3	
6	
5	
7	
0	
8	
9	

5	
3	
4	
9	
8	
7	
1	
2	
6	
0	

3	
8	
1	
6	
5	
2	
7	
0	
9	
4	

ウォーミングアップ・ドリル 3　ゆびならしをしよう！

もくひょう 1 分　タイム　分　秒

① 1～10 まで、たしましょう。

1＋2＋3＋4＋5＋6＋7＋8＋9＋10＝

② 1～20 まで、たしましょう。

1＋2＋3＋4＋5＋6＋7＋8＋9＋10＋11＋12＋13
＋14＋15＋16＋17＋18＋19＋20＝

こたえ

① 55　② 210

ひき算のきほん

ステップ 3　くり下がる

▷ 12 － 8 ……………（くり下がって、1玉を入れる）

まず、そろばんに 12 をおいてください。

そこから 8 をひくわけですが……、そろばんを見るとわかるように、一の位ではひけませんね。

そこで、十の位から「10」をもってきて、そこからひきます。

10－8＝2 ですから、2 のこりますね。その 2 を一の位にたします。

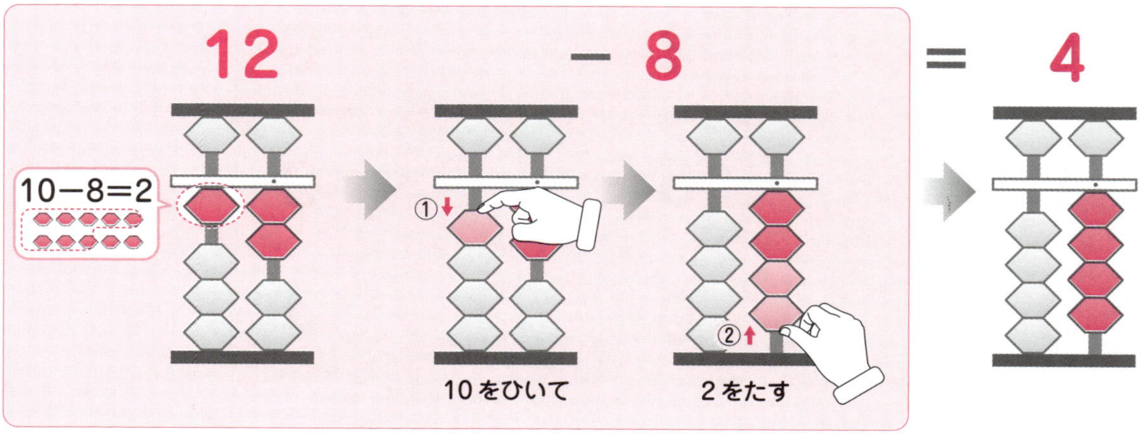

▷12 − 5 ……（くり下がって、5玉を入れる）

まず、そろばんに 12 をおきましょう。そこから 5 をひきたい。でも、そろばんを見ると、まえのもんだいとおなじように、一の位ではひけませんよね。

そこで、また十の位から「10」をもってきて、その 10 から 5 をひくことにします。

10−5=5 ですから、5 のこります。この 5 を一の位にたします。

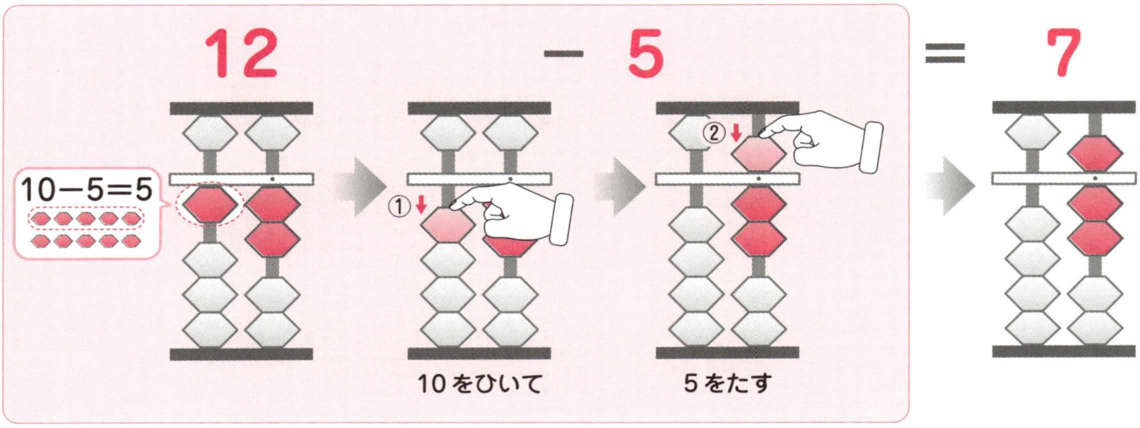
12
− 5
= 7
10−5=5
①
②
10 をひいて
5 をたす

となりの位から
「10」をもってくるのが
ポイントね！

▷12 − 3 ……（くり下がって、1玉も5玉も入れる）

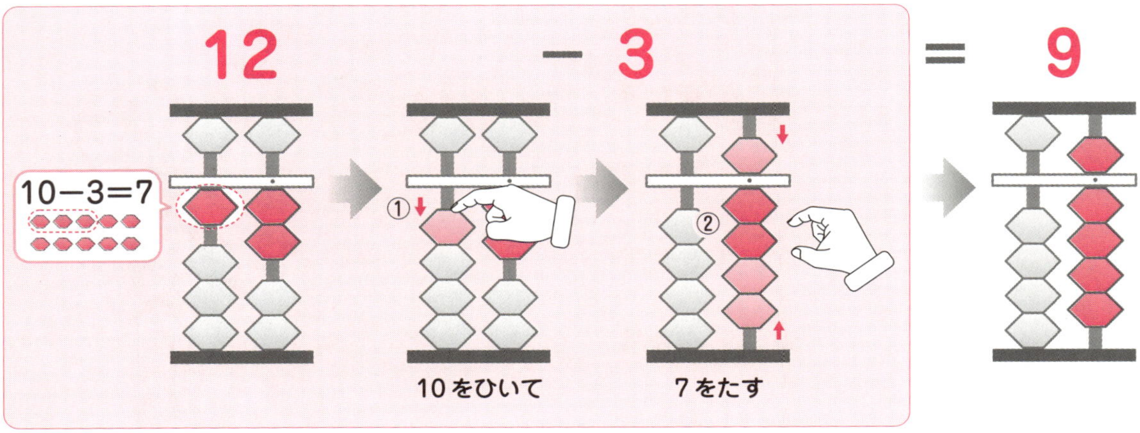
12
− 3
= 9
10−3=7
①
②
10 をひいて
7 をたす

▷12 ー 6

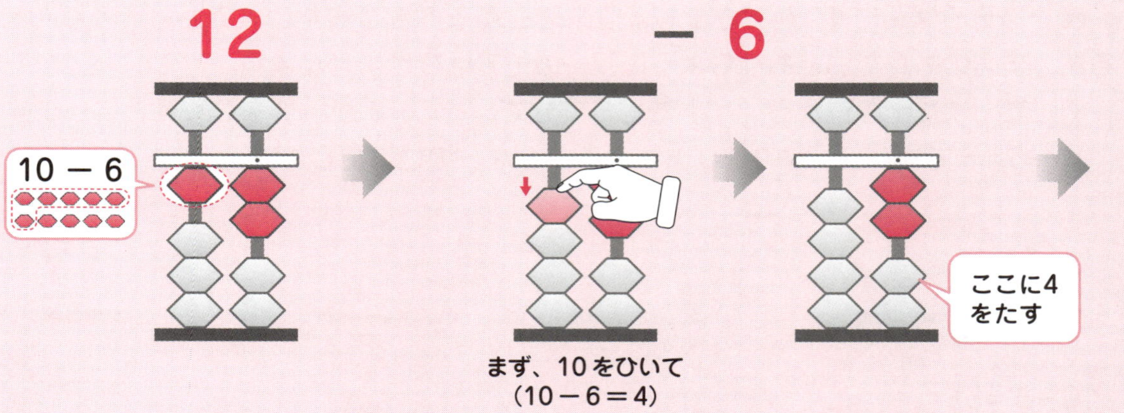

12
－ 6
10 － 6
まず、10をひいて
（10－6＝4）
ここに4
をたす

たし算とおなじように、ひき算でも「10」をかんがえることが、計算のコツです。つぎのようにおぼえておくと、計算するときにとてもべんりです。

おぼえよう！

くり下がる！

−《ひく》1 は	10ひいて	9 をたす
−2 は		8 をたす
−3 は		7 をたす
−4 は		6 をたす
−5 は		5 をたす
−6 は		4 をたす
−7 は		3 をたす
−8 は		2 をたす
−9 は		1 をたす

たとえば
「12－6」だったら、
「ー《ひく》6は、10ひいて
4をたす」んじゃ

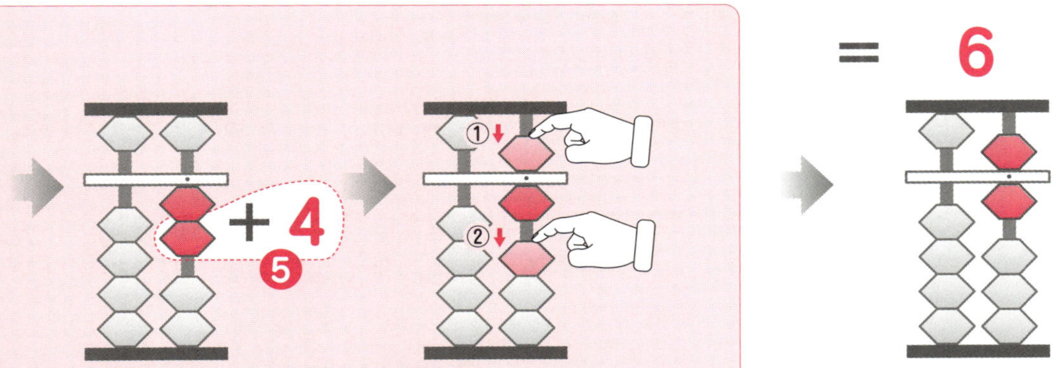

「4」と1で5
➡5玉

5をたして、
つづけて1をひく

ちょうせん！

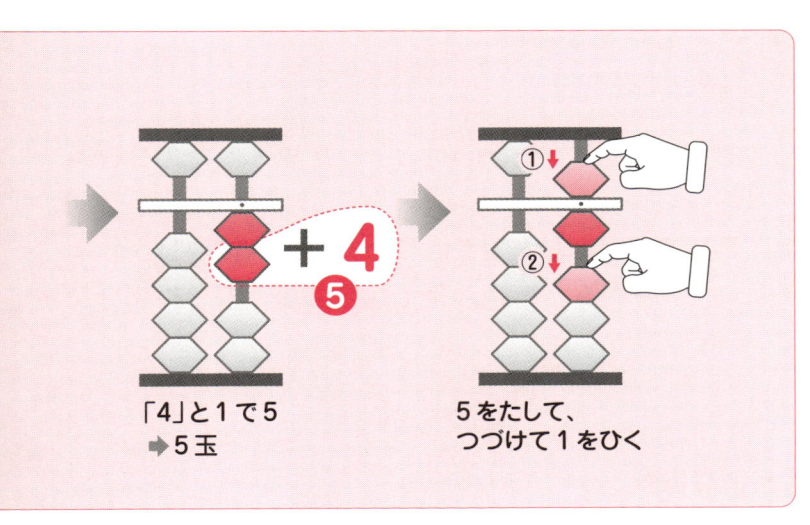

もくひょう 1分 30秒　タイム 分 秒

① 10−1=	② 10−2=	③ 10−4=
④ 10−7=	⑤ 11−2=	⑥ 12−3=
⑦ 13−5=	⑧ 16−8=	⑨ 14−7=
⑩ 14−5=	⑪ 15−9=	⑫ 14−6=
⑬ 14−8=	⑭ 13−8=	⑮ 18−9=

こたえ

①9 ②8 ③6 ④3 ⑤9 ⑥9 ⑦8 ⑧8
⑨7 ⑩9 ⑪6 ⑫8 ⑬6 ⑭5 ⑮9

9 大きな数のひき算　　月　　日

きのうまでで、ひき算のきほんはおしまいです。きょうは、3 けたや 4 けたのひき算にもちょうせんしましょう。

数が大きくなっても、やりかたはこれまでとおなじです。ゆっくり確実《かくじつ》にやりましょう（ただし、「ちょうせん！」のもんだいをやるときは、タイムをはかるのをわすれずに！）。

[こたえのページ]

ウォーミングアップ・ドリル 1　**5 になる数** ➡ 130 ページ

ウォーミングアップ・ドリル 2　**10 になる数** ➡ 131 ページ

ウォーミングアップ・ドリル 1

5になる数

もくひょう：おとな 30 秒 / 子ども 2 分　タイム　分　秒

1	
3	
2	
4	
0	
5	
2	
4	
1	
3	

5	
1	
4	
2	
0	
5	
1	
3	
4	
0	

1	
3	
0	
2	
5	
4	
3	
0	
2	
5	

ウォーミングアップ・ドリル２

10になる数

もくひょう：おとな 30 秒 / 子ども 2 分　タイム　分　秒

2	
1	
4	
3	
6	
5	
7	
0	
8	
9	

5	
3	
4	
9	
8	
7	
1	
2	
6	
0	

3	
8	
1	
6	
5	
2	
7	
0	
9	
4	

ウォーミングアップ・ドリル 3　ゆびならしをしよう!

もくひょう 1 分 30 秒　タイム 分 秒

① 1〜10 まで、たしましょう。

1＋2＋3＋4＋5＋6＋7＋8＋9＋10＝

② 1〜20 まで、たしましょう。

1＋2＋3＋4＋5＋6＋7＋8＋9＋10＋11＋12＋13＋14＋15＋16＋17＋18＋19＋20＝

③ 55から、10 〜1 をじゅんにひきましょう。

55−10−9−8−7−6−5−4−3−2−1＝

こたえ

① 55　② 210　③ 0

③のもんだいは、0 になりましたか？

ウォーミングアップがまだものたりないひとは、210 から 20〜1 をじゅんにひいてみましょう。0 になるでしょうか？

さて、きょうのそろばんをはじめます。たし算とおなじように、大きい位からじゅんにひいていきます。

▷ 75 − 23

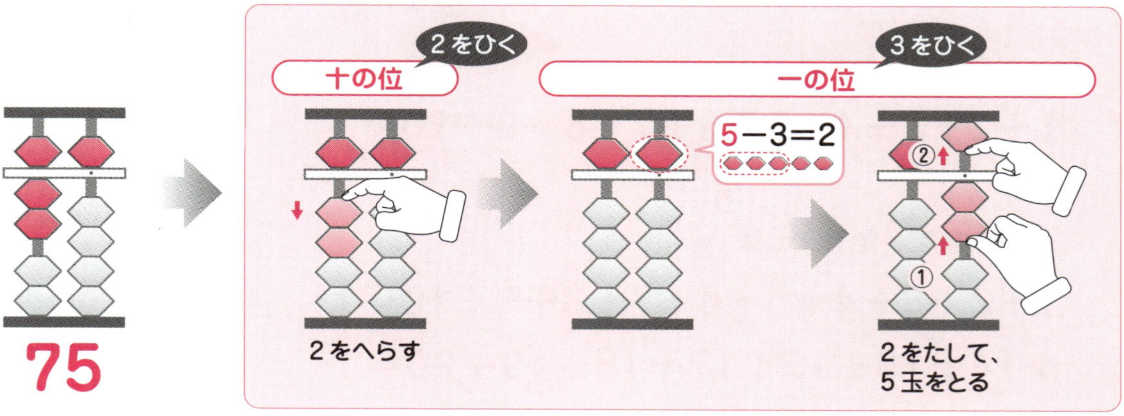
75
十の位
2をひく
2をへらす
一の位
3をひく
5−3=2
②
①
2をたして、
5玉をとる

▷ 65 − 34

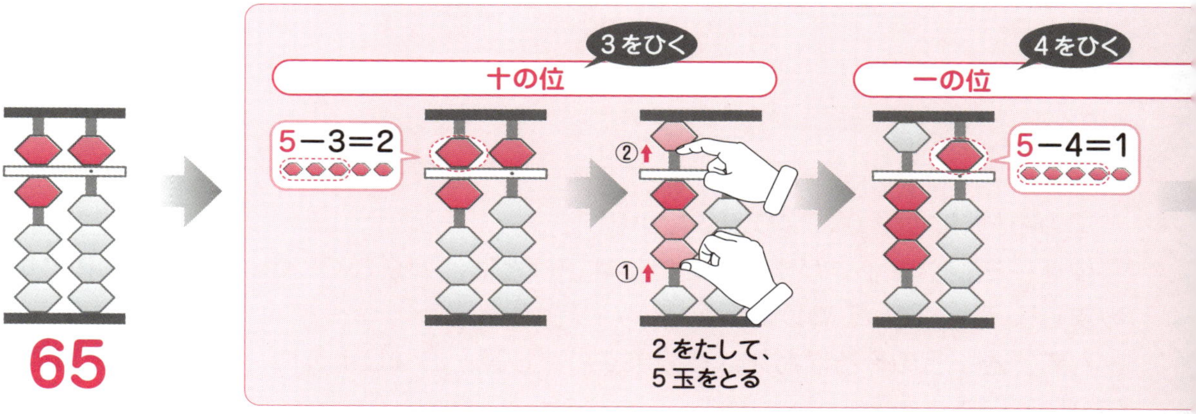
65
十の位
3をひく
5−3=2
②
①
2をたして、
5玉をとる
一の位
4をひく
5−4=1

十の位、一の位と、つづけて5玉をとる計算でしたね。

できましたか？

「ちょうせん！」でれんしゅうしたあと、こんどはくり下がる（となりの位から 10 をもってくる）計算をやってみましょう。

● ひき算のコツ

①定位点のあるところを一の位にする

②大きい位からじゅんばんに計算していく
（定位点から左にいくほど、十の位、百の位…と、位が大きくなる）

③「5のまとまり」「10のまとまり」に気をつけて計算する

こたえ

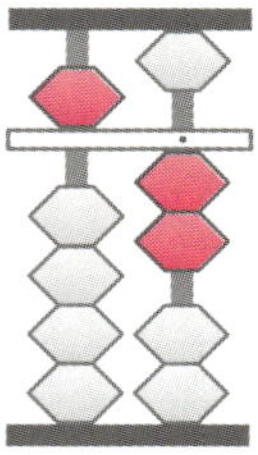

52

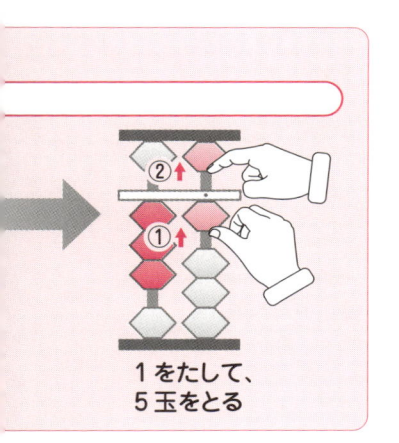

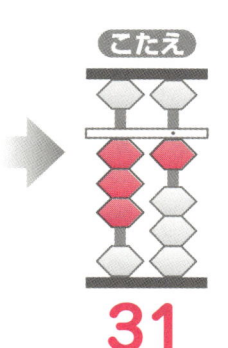

大きい位からじゅんに、
ゆっくりやっていけば、
だいじょうぶ！
う～んと…

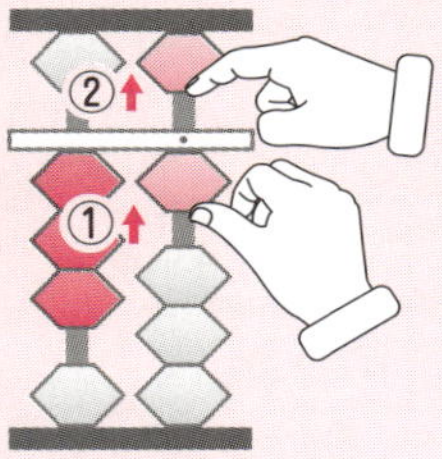

1をたして、
5玉をとる

こたえ

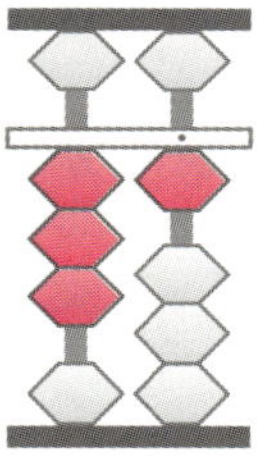

31

できたー！

ちょうせん！

もくひょう 1 分　タイム　分　秒

① 33−21＝　② 48−32＝　③ 20−15＝

④ 89−32＝　⑤ 66−22＝　⑥ 77−44＝

⑦ 86−24＝　⑧ 56−23＝　⑨ 97−64＝

こたえ

①12　②16　③5　④57　⑤44　⑥33　⑦62　⑧33　⑨33

こんどは、つづけてくり下がる計算をやってみましょう。

▷112 − 58

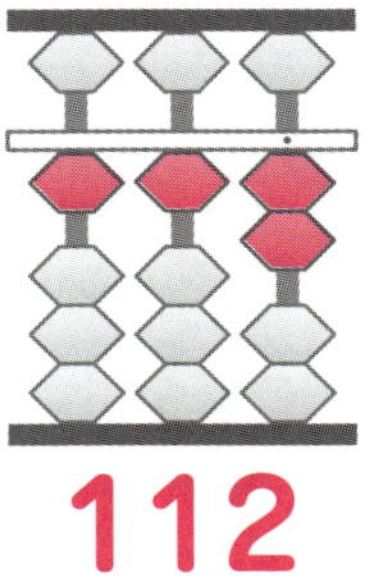
112

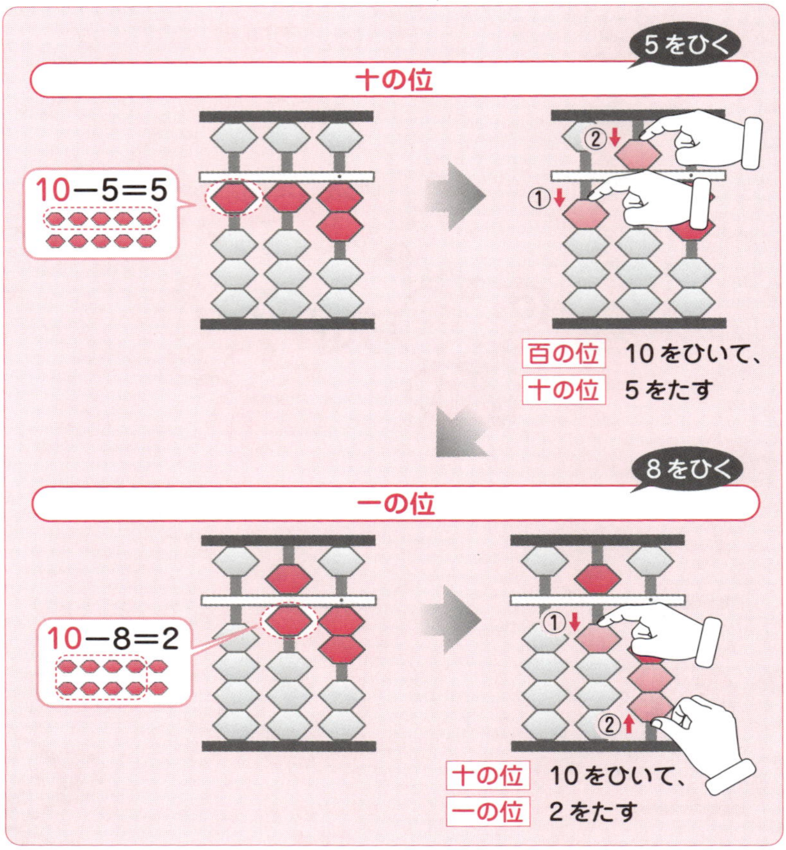
5をひく
十の位
10−5=5
②
①
百の位　10をひいて、
十の位　5をたす
8をひく
一の位
10−8=2
①
②
十の位　10をひいて、
一の位　2をたす

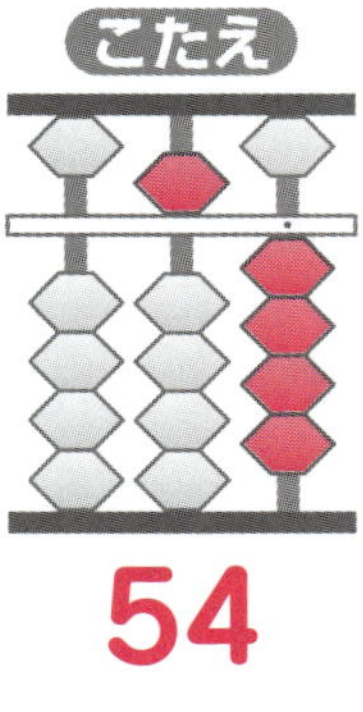
こたえ
54

とにかく
たりなかったら、
となりの位から
「10」をもってくれば
いいのね！

▷ 253 － 76

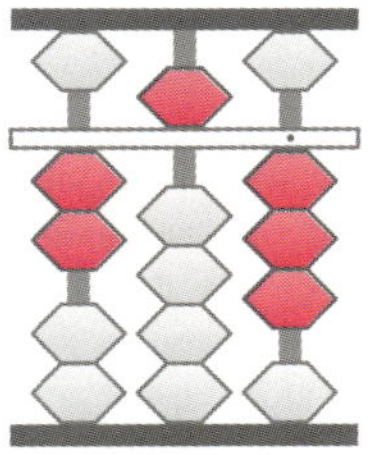
253

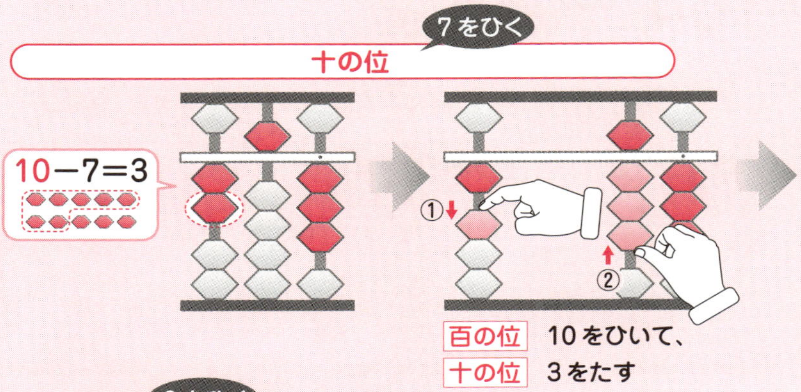
7をひく
十の位
10－7＝3
①
②
百の位　10をひいて、
十の位　3をたす

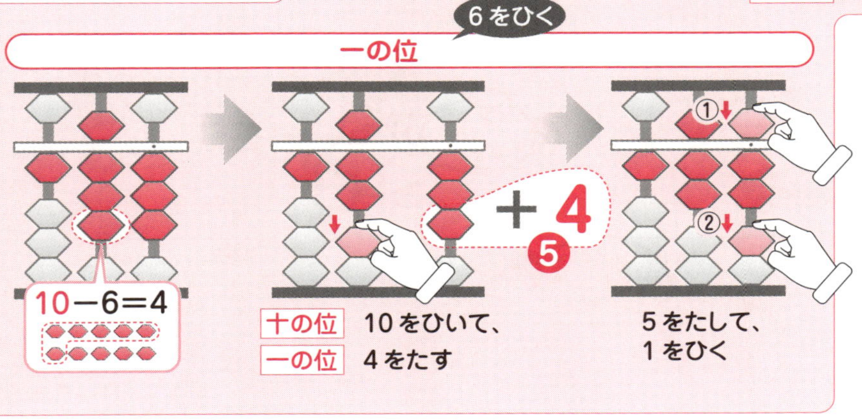
6をひく
一の位
10－6＝4
十の位　10をひいて、
一の位　4をたす
＋4
5
①
②
5をたして、
1をひく

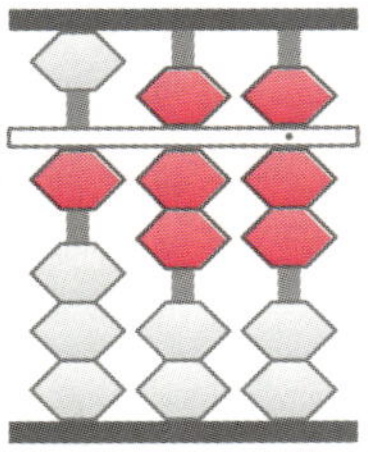
こたえ
177

ちょうせん！

もくひょう 2 分　タイム 分 秒

① 100－22＝　② 140－5＝　③ 120－83＝

④ 216－58＝　⑤ 113－89＝　⑥ 130－74＝

⑦ 254－86＝　⑧ 526－38＝　⑨ 637－398＝

こたえ

① 78　② 135　③ 37　④ 158　⑤ 24　⑥ 56　⑦ 168　⑧ 488　⑨ 239

こんどは、となりのとなりの位から「10」をもってくるひき算をやってみましょう。

▷ 164 − 65

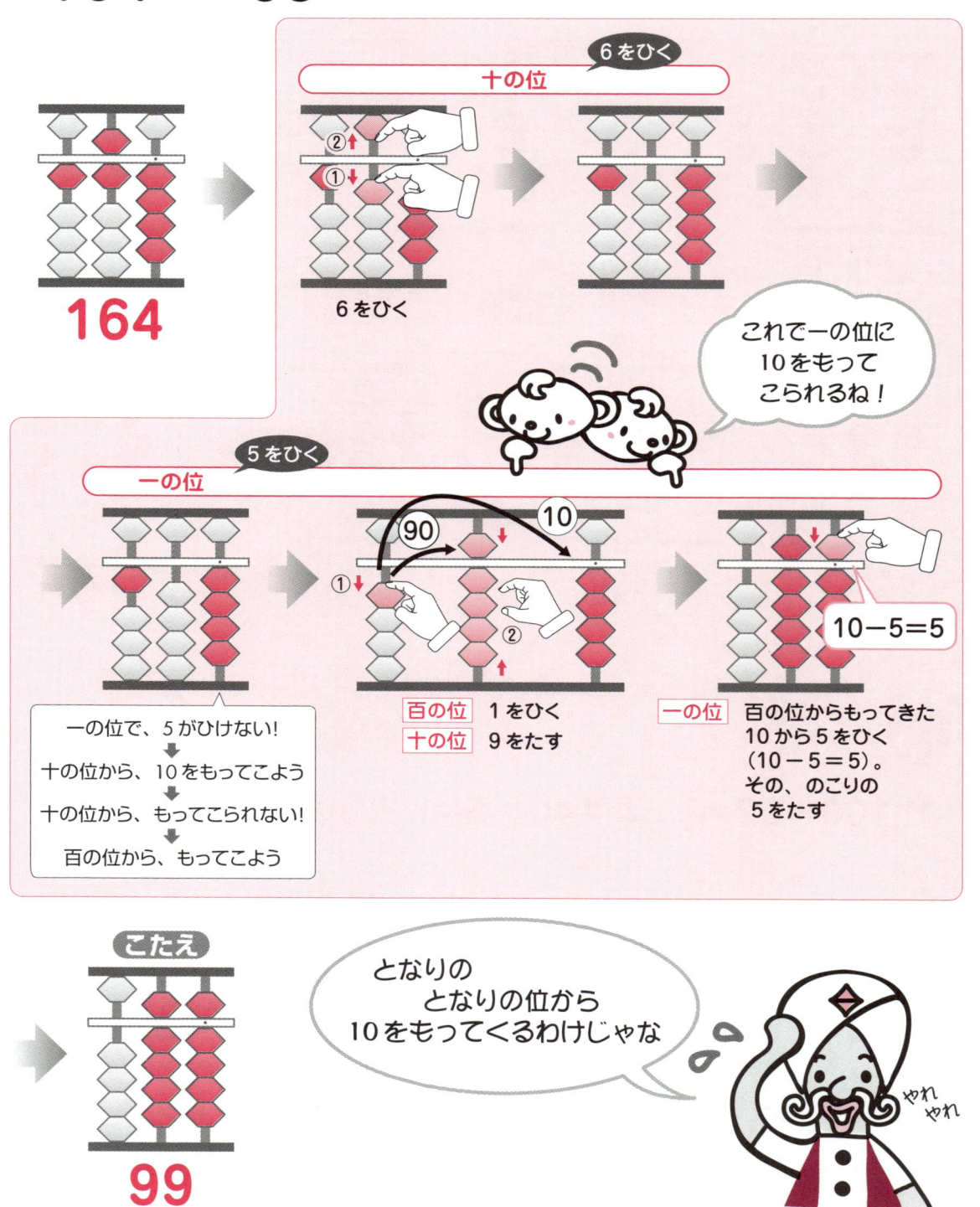

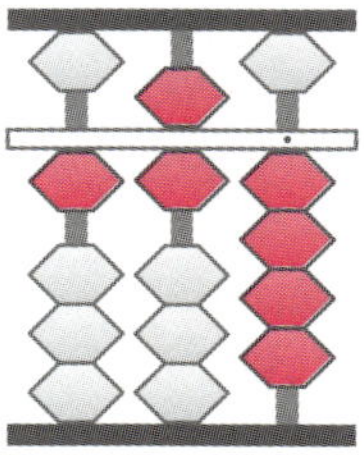

164

6をひく

十の位

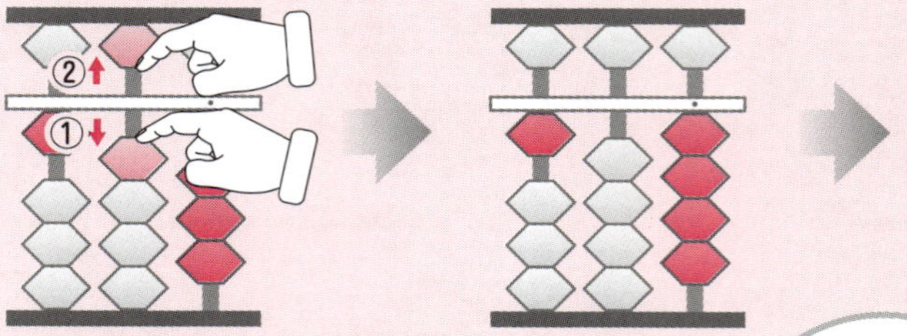

6をひく

これで一の位に
10をもって
こられるね！

5をひく

一の位

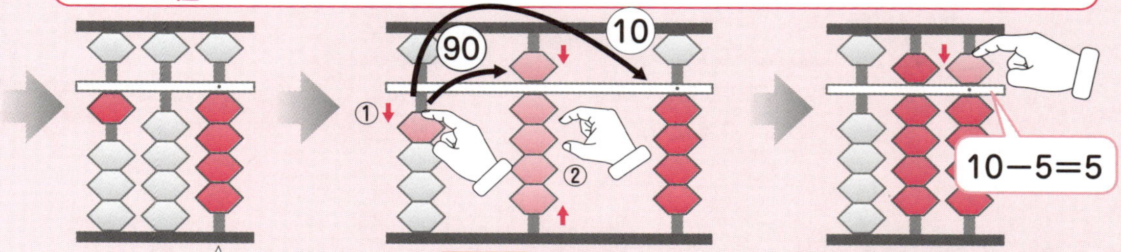

一の位で、5がひけない！
↓
十の位から、10をもってこよう
↓
十の位から、もってこられない！
↓
百の位から、もってこよう

百の位　1をひく
十の位　9をたす

一の位　百の位からもってきた
10から5をひく
（10－5＝5）。
その、のこりの
5をたす

こたえ

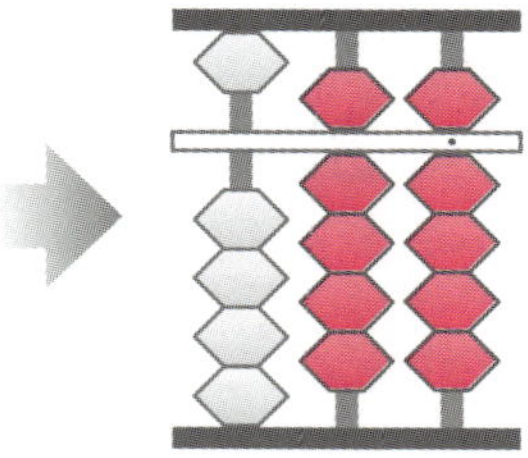

99

となりの
となりの位から
10をもってくるわけじゃな

ちょうせん！

もくひょう 1 分 40 秒　タイム　分　秒

① 23－12＝　② 60－14＝　③ 55－23＝

④ 68－36＝　⑤ 52－24＝　⑥ 133－55＝

⑦ 127－78＝

⑧ 1,063－476＝

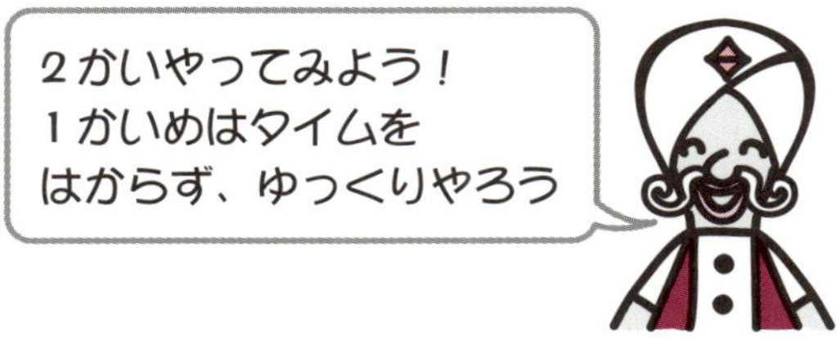
2かいやってみよう！
1かいめはタイムを
はからず、ゆっくりやろう

こたえ

① 11 ② 46 ③ 32 ④ 32 ⑤ 28 ⑥ 78 ⑦ 49 ⑧ 587

さいごに、しあげとして、みとり算をやってみましょう。

やりかたはたし算とおなじように（84 ページ）、上から下へじゅんにひいていって、こたえをいちばん下にかき入れます。

ちょうせん！ みとり算

もくひょう 2 分　タイム　分　秒

No.	①	②	③	④	⑤
1	20	46	54	208	387
2	－ 3	－ 11	－ 3	－ 15	－ 213
3	－ 2	－ 25	－ 11	－ 22	－ 12
4	－ 1	－ 3	－ 5	－ 13	－ 31
5	－ 12	－ 2	－ 28	－ 89	－ 46
計					

こたえ

① 2 ② 5 ③ 7 ④ 69 ⑤ 85

もっとちょうせん!

みとり算

※じぶんのペースにあわせてすすめましょう。また、くりかえしれんしゅうしましょう。

もくひょう 3分　タイム❶　月　日　分　秒　タイム❷　月　日　分　秒

1

No.	①	②	③	④	⑤
1	4	4	8	8	7
2	−1	−3	−2	−1	−2
3	−2	−1	−5	−6	−3
計					

2

No.	①	②	③	④	⑤
1	9	14	12	21	24
2	−2	−3	−2	−5	−2
3	−3	−10	−5	−3	−13
計					

3

No.	①	②	③	④	⑤
1	18	32	36	64	53
2	−5	−3	−13	−1	−5
3	−3	−6	−1	−8	−4
4	−5	−2	−12	−5	−6
5	−1	−9	−8	−5	−2
計					

こたえ

1 ①1　②0　③1　④1　⑤2　**2** ①4　②1　③5　④13　⑤9

3 ①4　②12　③2　④45　⑤36

もくひょう 4分

タイム① 月 日 分 秒

タイム② 月 日 分 秒

4

No.	①	②	③	④	⑤
1	47	55	63	32	82
2	−5	−10	−2	−8	−17
3	−2	−2	−32	−3	−1
4	−3	−4	−21	−15	−8
5	−11	−7	−4	−4	−7
計					

5

No.	①	②	③	④	⑤
1	13	6	7	27	2
2	7	54	46	4	74
3	−2	−13	7	−5	88
4	8	28	−31	−3	−32
5	−4	−3	22	−15	−43
計					

6

No.	①	②	③	④	⑤
1	19	63	80	3	90
2	6	−14	15	21	−21
3	76	2	−29	105	−21
4	−3	19	34	−6	−15
5	−4	−16	−4	−34	−6
計					

こたえ

4 ① 26 ② 32 ③ 4 ④ 2 ⑤ 49 5 ① 22 ② 72 ③ 51 ④ 8 ⑤ 89

6 ① 94 ② 54 ③ 96 ④ 89 ⑤ 27

もくひょう 4分　タイム❶　月　日　分　秒　タイム❷　月　日　分　秒

7

No.	①	②	③	④	⑤
1	3	1	2	66	10
2	−2	2	4	−33	−8
3	4	8	13	77	3
4	5	−5	−4	−22	90
5	8	7	−7	−44	16
6	−3	−6	−8	3	−13
7	−4	3	11	38	4
計					

8

No.	1	2	3	4	5
1	77	62	36	85	56
2	49	1	29	−40	−3
3	62	−48	−50	−17	−4
4	−10	−5	47	55	2
5	14	97	−15	21	63
6	−48	10	−6	3	1
7	12	29	−4	−87	−36
計					

こたえ
7 ① 11　② 10　③ 11　④ 85　⑤ 102　**8** ① 156　② 146　③ 37　④ 20　⑤ 79

もくひょう 5分

タイム❶　月　日　分　秒

タイム❷　月　日　分　秒

9

No.	①	②	③	④	⑤
1	6	9	5	7	5
2	−3	−8	6	14	6
3	−2	4	87	5	87
4	8	−2	−3	6	−42
5	5	19	−8	9	−3
6	1	30	30	−3	−8
7	−4	21	−42	−6	330
8	−2	−7	14	8	14
9	−6	13	5	−9	−2
10	6	2	−2	26	5
計					

10

No.	①	②	③	④	⑤
1	9	70	89	31	205
2	−2	14	26	96	105
3	3	16	91	−20	13
4	4	−20	−48	108	−95
5	23	−35	−27	−46	−34
6	33	80	35	−8	31
7	−8	−62	−24	−12	27
8	−9	24	−72	59	−76
9	−4	9	10	65	−18
10	8	6	18	17	29
計					

こたえ

9 ① 9　② 81　③ 92　④ 57　⑤ 392　10 ① 57　② 102　③ 98　④ 290　⑤ 187

SCHOOL BUS
SCHOOL BUS

4

いろいろな計算をしてみよう!

10 いろいろな計算①
［小数、補数］

月　　日

きょうはちょっとしたあそびのつもりで、いろいろな計算をしてみましょう。

まずは小数から。「小数」と聞いただけで、「むずかしそう」としりごみしてしまうひともいるかもしれませんが、そろばんをつかうとおどろくほどカンタンにできます。

というのは、そろばんのすぐれた点のひとつに、「位どり」のしやすさがあるからなのです（そろばんでは「定位《ていい》」といいます）。

下のイラストを見てください。こんなふうに、定位点があるところを「一の位」ときめてしまえば、ひとめで、ほかの位もわかりますね。このため、正確《せいかく》に計算することが容易《ようい》なのです。

いっぽう、手で計算すると、計算そのものはあっているのに、位どりをまちがってしまったためにこたえもまちがってしまうということがおこりがちです。小数でつまずいてしまう小学生はすくなくありませんが、その大きな原因《げんいん》は「位どり」のやりにくさにあります。そのために、「小数＝ややこしい」という苦手《にがて》意識《いしき》がうまれてしまうのです。

そろばんに、「1,321.05」とおいてみてください。やたら「けた数」が大きく、むずかしそうに見える数も、そろばんにおくと、数として目でとらえられるようになり、計算しやすくなる。そのことがよくわかるとおもいます。

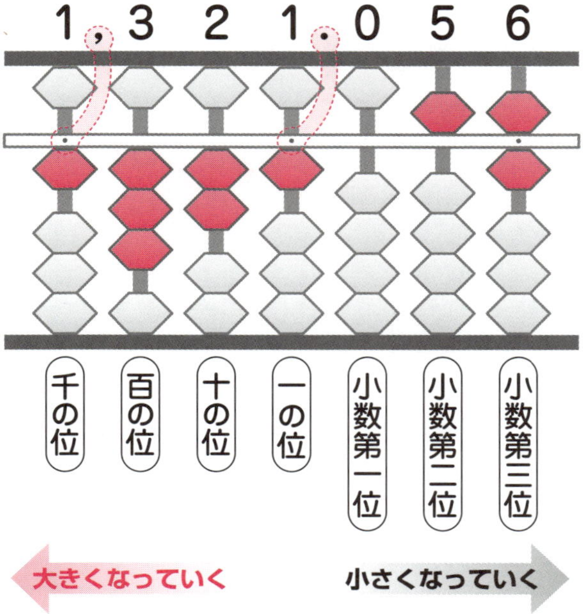
1,3 2 1.0 5 6
千の位
百の位
十の位
一の位
小数第一位
小数第二位
小数第三位
大きくなっていく
小さくなっていく

そろばんには３けたごとに
定位点がついているね。
この定位点と
1,321の，（コンマ）や小数点（．）
のばしょはおなじなんじゃ！

ちょうせん！

つぎの数をそろばんであらわしましょう。

① 2.35　② 0.12　③ 15.8

まず、①、②、③のこたえを見てみましょう。つぎのようになりましたか？

① 2.35

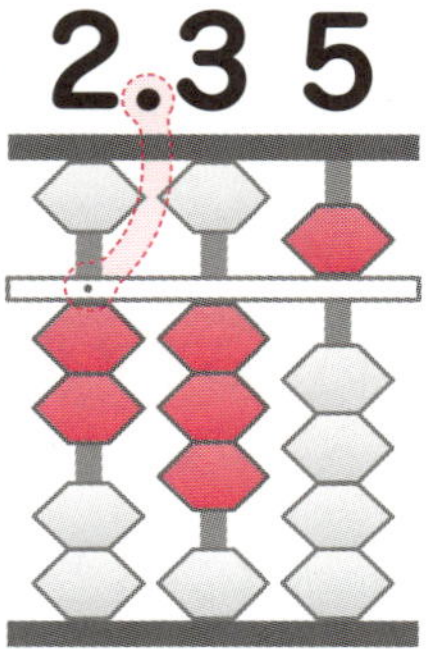

② 0.12

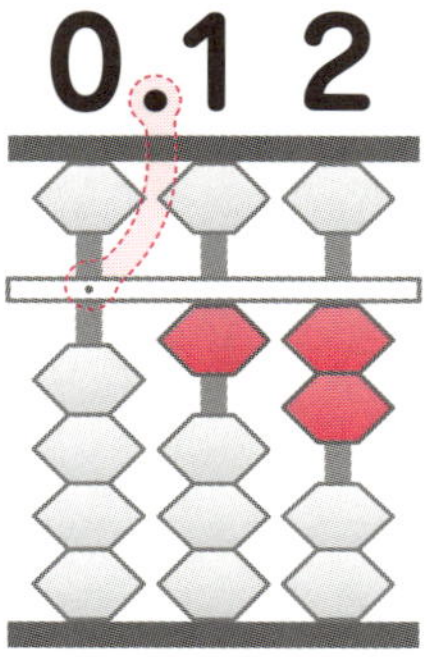

③ 15.8

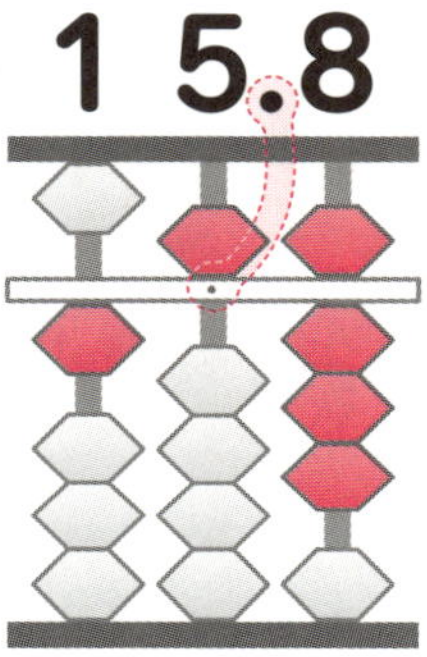

かんたんじゃろ？

そうか、定位点は
「めじるし」なんだね！

ちょうせん！

① 1.1＋0.3＝　② 2.5＋1.4＝

③ 2.3＋4.2＝　④ 3.5＋0.05＝

⑤ 0.23＋0.18＝　⑥ 18.24＋0.76＝

こたえ

① 1.4　② 3.9　③ 6.5　④ 3.55　⑤ 0.41　⑥ 19

こんどは、「補数《ほすう》」のお話です。補数というのは、$x + y = a$（a は決まった数）のとき、a にたいして x と y は、たがいに補数となります。「x は y の補数」であり、「y は x の補数」というわけです。

ちょっとむずかしい話になってしまいましたが、「5 になるなかま」「10 になるなかま」をおもいだしてください（55 ページ）。たとえば、5 にたいして、1 と 4 は補数です。10 にたいして、1 と 9 はたがいに補数です。

これまで見てきたように、そろばんでは、この「補数」というかんがえかたがとてもたいせつです。

この補数をつかって、ちょっとあそんでみましょう。

ちょうせん！

735 円の本をかいました。1000 円さつを 1 まい出すと、おつりはいくらですか？

1000 円 － 735 円は……？　めんどうそうな計算ですね。ところが、そろばんをつかうと、カンタンにこたえがでるのです。

まず、そろばんに 735 をおいてください。

気がつきましたか？

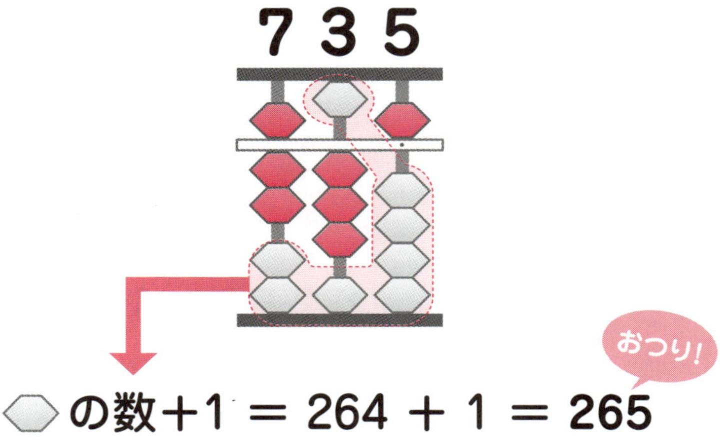

「はいいろの玉をぜんぶたした数」が補数です。この補数に 1 をたしたものが、おつりなんです。

「1000 円にたいして、735 円と 265 円は補数のかんけいにある」というわけですね。

そろばんだと、こんなふうに、おつりがひとめでわかるのです。

それでは、もう 1 もん！

ちょうせん！

52 円のエンピツをかいました。100円玉を 1 まいを出すと、おつりはいくらでしょうか。

できましたか？
こたえは 48 円。
この補数をつかうと、こたえがマイナスになる計算もできます。

ちょうせん！

21－87＝

こたえは、つぎのようにしてだします。

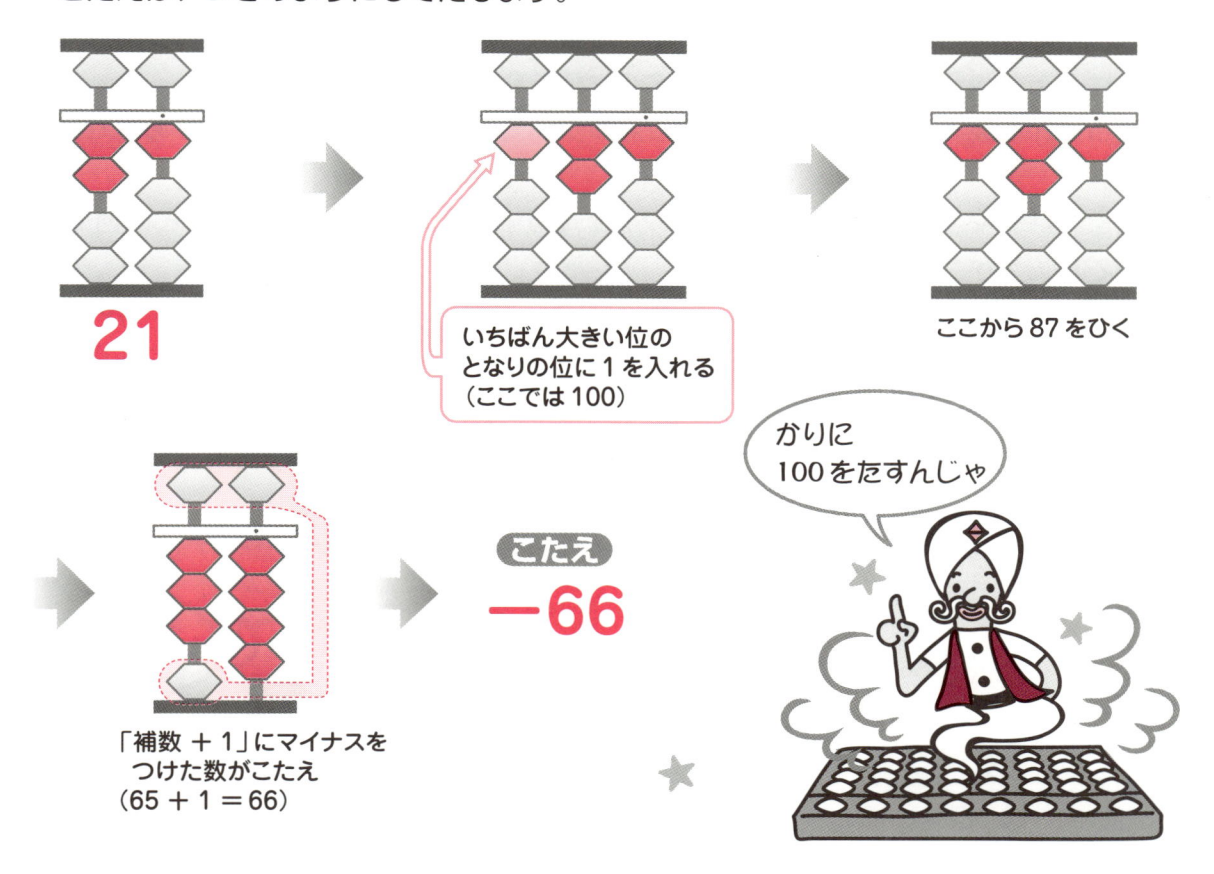

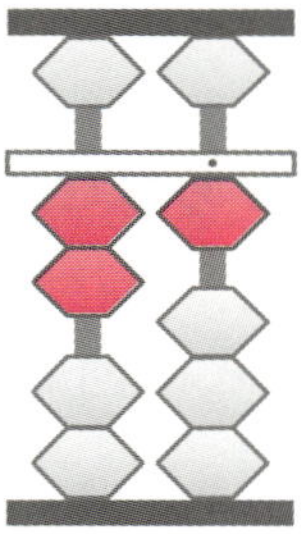

21

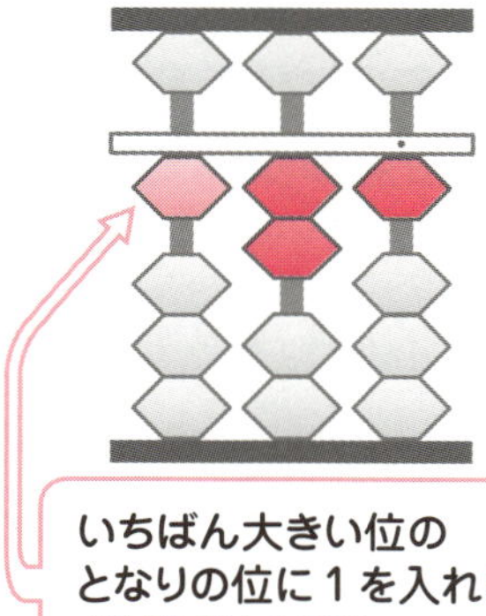

いちばん大きい位の
となりの位に 1 を入れる
（ここでは 100）

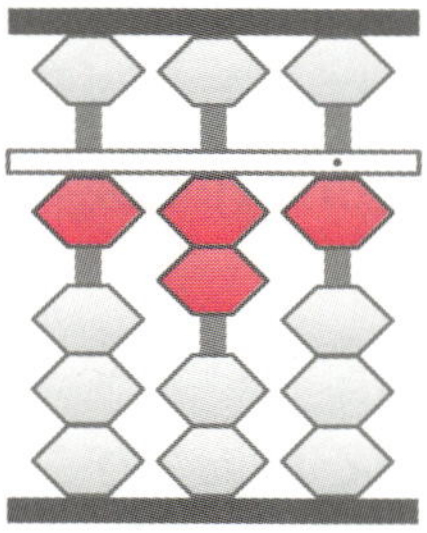

ここから 87 をひく

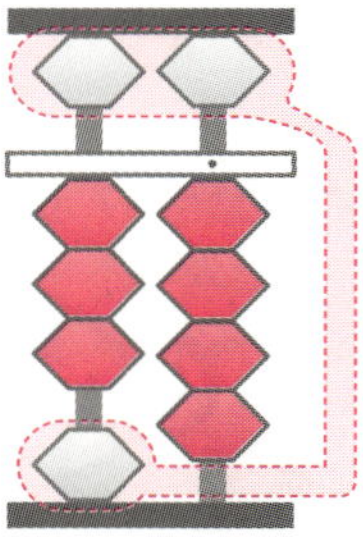

「補数 ＋ 1」にマイナスを
つけた数がこたえ
（65 ＋ 1 ＝ 66）

こたえ

－66

かりに
100をたすんじゃ

11 いろいろな計算②
[長さ、重さ、量、時間]

月 日

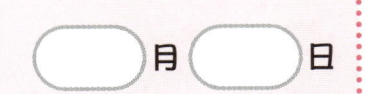

きのうは「位どり」と「補数」についてやりました。きょうは、位どりのテクニックをつかって、長さや重《おも》さ、時間《じかん》のもんだいにちょうせんしてみましょう。

位どりのテクニックというのは、つまり「どこをどの位にするか」と決めることです。そろばんでは、これがとてもたいせつなポイントになります。

✷ 長さ、重さ、量

まず、長さ、重さ、量《りょう》についてですが、つぎのようなかんけいになっていますよね。

1 km = 1,000 m　　1 kg = 1,000 g　　1ℓ = 1,000 mℓ

単位《たんい》の勉強も、つまずく子が多いところですが、単位をかきかえるようなもんだいも、そろばんをつかうと、ぐんとわかりやすくなります。

そろばんを見ると、3 けたごとに定位点がついていますね。ここに単位をあわせるのです。

たとえば、マラソンのきょりは 42.195 km ですね。これを m であらわすと、何 m になるでしょうか？

▷ 長さ

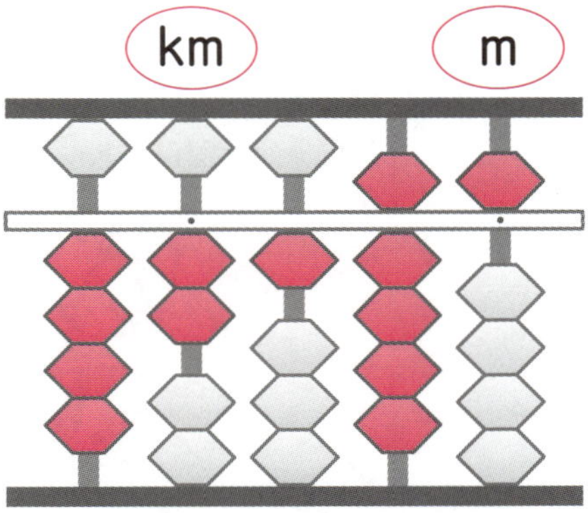
km
m

4 2.1 9 5 km

= 4 2,1 9 5 m

定位点が
ポイントなのね！

▷重さ

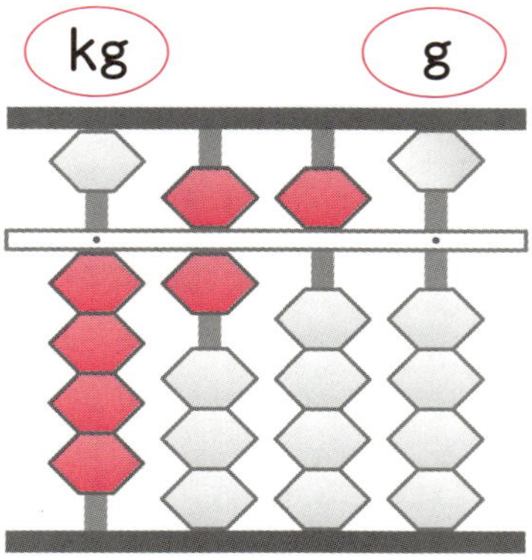

4.6 5 kg
= 4,6 5 0 g

▷量

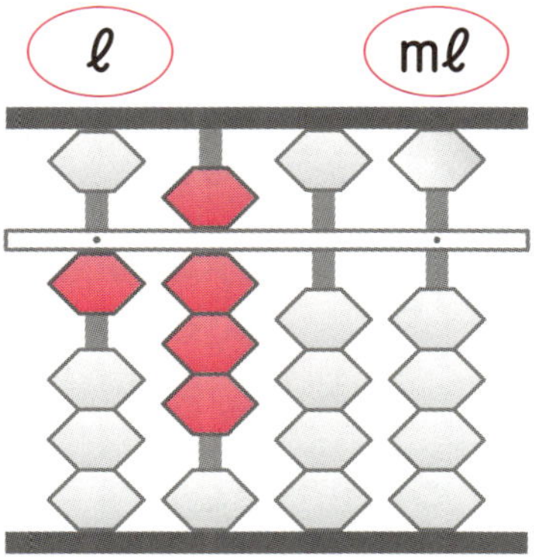

1.8 ℓ
= 1,8 0 0 mℓ

げんざい、日本でつかわれている長さや重さの単位は十進法《じゅっしんほう》になっていますが、これは今見たように 1,000 で単位がきりかわります。

これは定位点とピッタリあうのです。これが、そろばんと単位の計算の相性《あいしょう》がいいりゆうです。

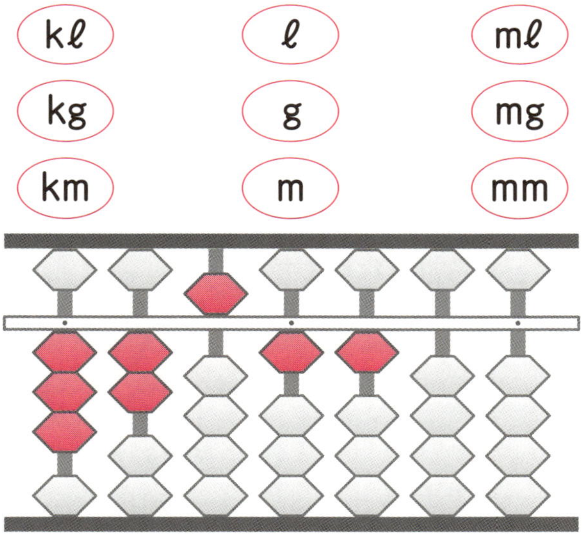

3.2 5 1 1 kg
= 3,2 5 1.1 g
= 3,2 5 1,1 0 0 mg

ちょうせん！

もくひょう 1 分　タイム　　分　　秒

そろばんであらわし、（　　）に数をかき入れましょう

① 350 m ＝（　　　　　）km　　② 2.5 kg ＝（　　　　　）g

③ 0.81 km ＝（　　　　　）m　　④ 0.58 kℓ ＝（　　　　　）ℓ

⑤ 360 mℓ ＝（　　　　　）ℓ　　⑥ 0.73 km ＝（　　　　　）m

こたえ
① 0.35　② 2,500　③ 810　④ 580　⑤ 0.36　⑥ 730

さて、これまで見てきたのは、すべて「十進法《じゅっしんほう》」の計算です。十進法というのは、なまえのとおり、「10」ごとに、つぎの位に「進」むという、きまりです。

ほかに私たちの生活でなじみぶかいものに、六十進法があります。時間です。

そろばんは、六十進法にもつかえるんです。やりかたを見てみましょう。

▷ 時間

まず、時間はつぎのように、そろばんではあらわします。

たとえば、7 時 45 分だったらこうなります。

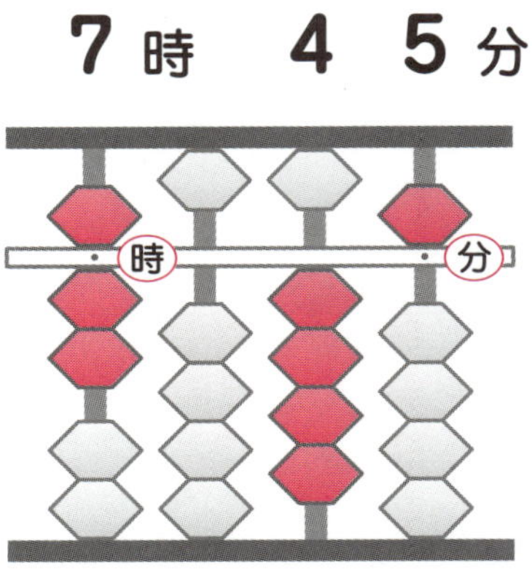
7 時　4　5 分
時
分

「時」も「分」も、それぞれ定位点を一の位にして、あらわすんじゃよ

それでは、やさしいもんだいでかんがえてみましょう。

ゆりこさんは7時45分にいえをでて、20分後に学校につきました。ゆりこさんは、何時何分に学校についたのでしょうか。

式《しき》は「7時45分＋20分」ですね。

まず、時間をたして、つぎに「分」をたします。

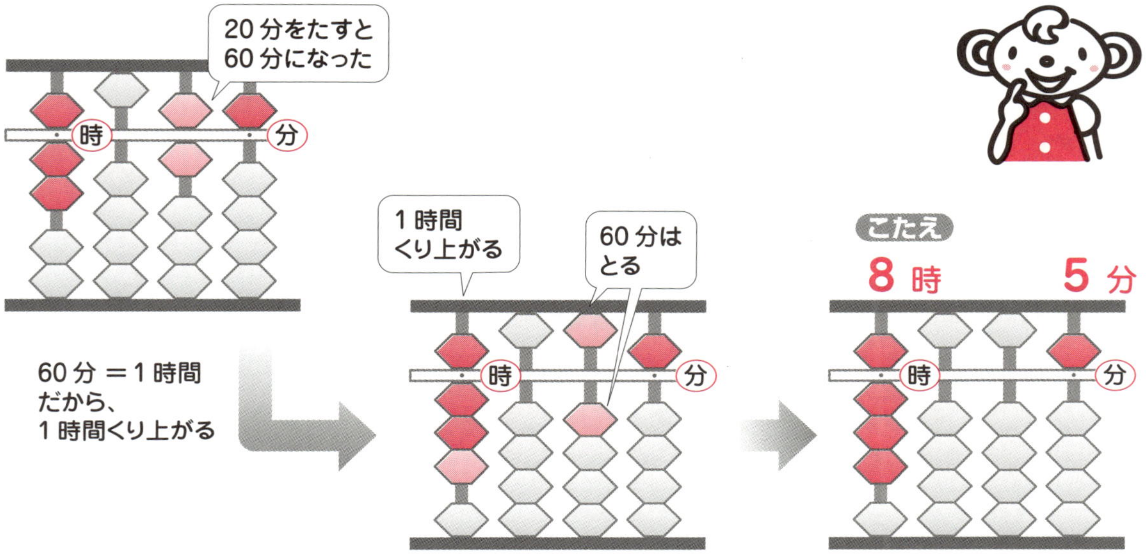
20分をたすと
60分になった
時
分
60分 ＝1時間
だから、
1時間くり上がる
1時間
くり上がる
60分は
とる
時
分
こたえ
8 時
5 分
時
分

そろばん教室《きょうしつ》ガイド

ちかくのそろばん教室をおしえてくれます。

- **日本珠算連盟**
  〒101-0047　千代田区内神田1-17-9　TCUビル6階
  電話 03−3518−0188
  http://www.syuzan.net/
- **(社)全国珠算教育連盟**
  〒601-8438　京都市南区西九条東比永城町28
  電話 075−681−1234
  http://www.soroban.or.jp/
- **(社)全国珠算学校連盟**
  〒464-0850　名古屋市千種区今池3-1-3
  電話 052−732−5051
  http://shuzan-gakko.com/

「もっとそろばんを
やってみたい！」というキミ、
「そろばん教室」は
どうかな？

こたえ

ウォーミングアップ・ドリル 1

5になる数

もくひょう：おとな 30 秒 / 子ども 2 分　タイム　分　秒

1	4
3	2
2	3
4	1
0	5
5	0
2	3
4	1
1	4
3	2

5	0
1	4
4	1
2	3
0	5
5	0
1	4
3	2
4	1
0	5

1	4
3	2
0	5
2	3
5	0
4	1
3	2
0	5
2	3
5	0

こたえ

ウォーミングアップ・ドリル2

10になる数

もくひょう：おとな 30 秒 / 子ども 2 分　タイム　分　秒

2	8
1	9
4	6
3	7
6	4
5	5
7	3
0	10
8	2
9	1

5	5
3	7
4	6
9	1
8	2
7	3
1	9
2	8
6	4
0	10

3	7
8	2
1	9
6	4
5	5
2	8
7	3
0	10
9	1
4	6

ウォーミングアップ・ドリル 1　「5になる数」きろくグラフ

毎日はかって
かき入れてね！

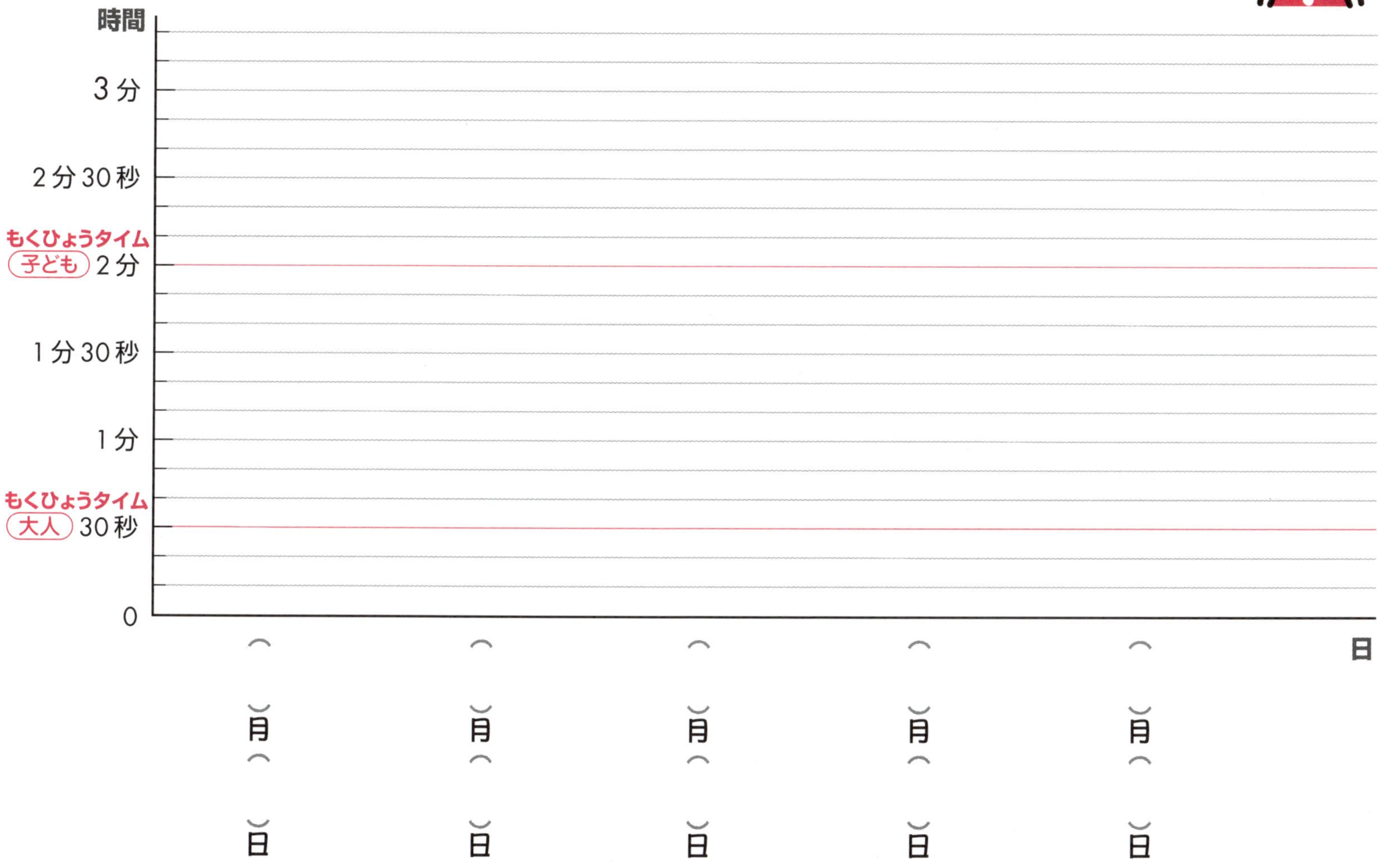
時間
3分
2分30秒
もくひょうタイム
子ども 2分
1分30秒
1分
もくひょうタイム
大人 30秒
0
日
（　）月（　）日
（　）月（　）日
（　）月（　）日
（　）月（　）日
（　）月（　）日

ウォーミングアップ・ドリル 2 「10になる数」きろくグラフ

どれくらいはやく
なったかな？

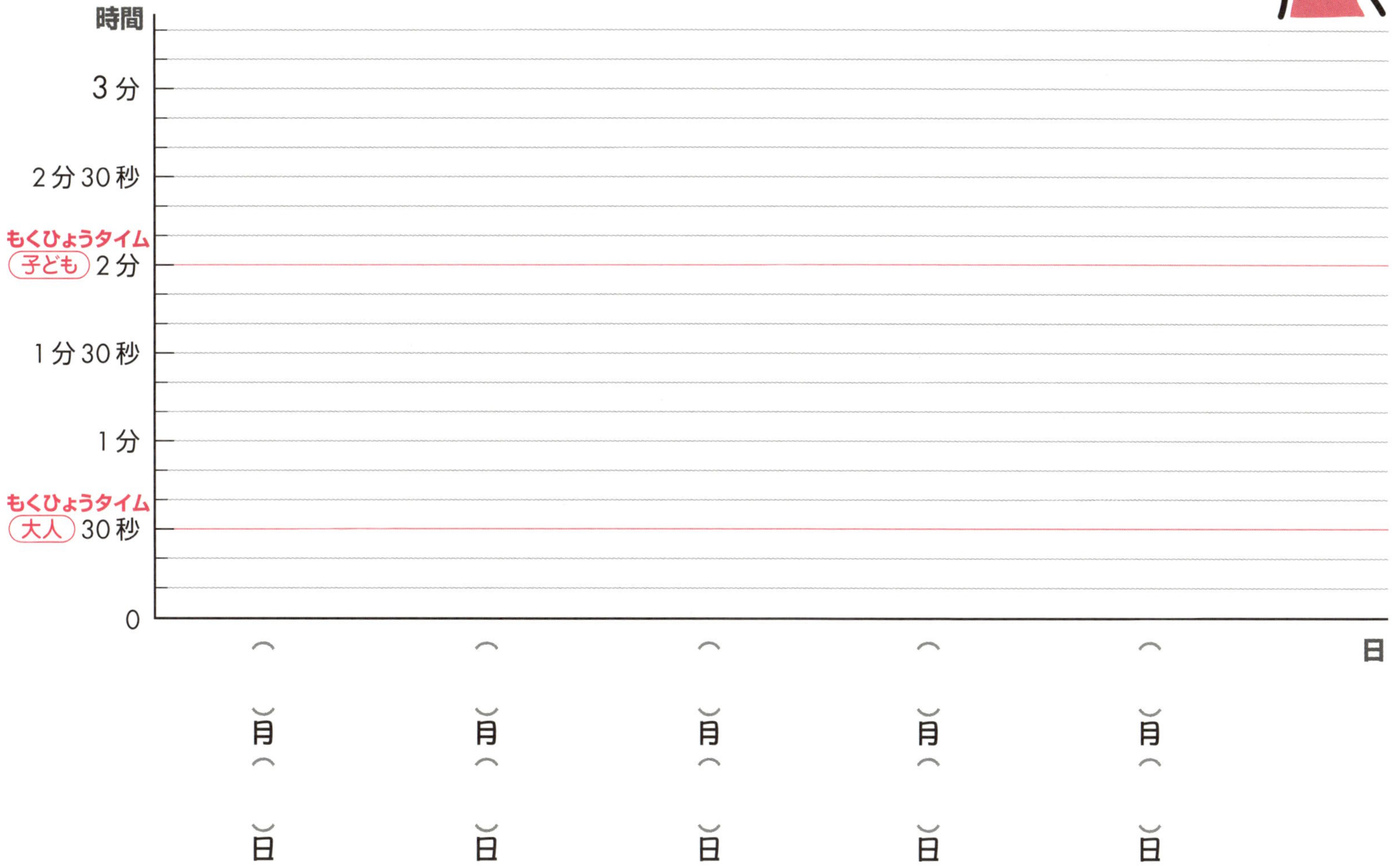
時間
3分
2分30秒
もくひょうタイム
子ども 2分
1分30秒
1分
もくひょうタイム
大人 30秒
0
日
（　）月（　）日
（　）月（　）日
（　）月（　）日
（　）月（　）日
（　）月（　）日

おぼえよう！ たし算九九

5のだん

5玉をつかう！

＋1は	→	5たして	→	4をひく
＋2は	→	5たして	→	3をひく
＋3は	→	5たして	→	2をひく
＋4は	→	5たして	→	1をひく

10のだん

くり上がる！

＋1は	→	9ひいて	→	10をたす！
＋2は	→	8ひいて	→	10をたす！
＋3は	→	7ひいて	→	10をたす！
＋4は	→	6ひいて	→	10をたす！
＋5は	→	5ひいて	→	10をたす！
＋6は	→	4ひいて	→	10をたす！
＋7は	→	3ひいて	→	10をたす！
＋8は	→	2ひいて	→	10をたす！
＋9は	→	1ひいて	→	10をたす！

5になるなかま

1・4

2・3

10になるなかま

1・9　2・8　3・7

4・6　5・5

おぼえよう！　ひき算九九

5のだん

5玉をとる！

−1は →	4たして →	5をひく！
−2は →	3たして →	
−3は →	2たして →	
−4は →	1たして →	

10のだん

くり下がる！

−1は →	10ひいて	→ 9をたす
−2は →		→ 8をたす
−3は →		→ 7をたす
−4は →		→ 6をたす
−5は →		→ 5をたす
−6は →		→ 4をたす
−7は →		→ 3をたす
−8は →		→ 2をたす
−9は →		→ 1をたす

5のだんは
「たす」のがさき、
10のだんは
「ひく」のがさきよ

コピーして
はっておこう。
そろばんをやっていて、
わからなくなったとき
すぐ見られるようにね！

【著者紹介】

和田 秀樹（わだ・ひでき）

1960年大阪生まれ。精神科医。灘中に入るが、高1まで劣等生。高2で要領受験術にめざめ、東大理Ⅲに現役合格。自らの経験をもとに、通信指導「緑鐵受験指導ゼミナール」で受験指導にたずさわる。東京大学医学部卒、東京大学付属病院精神神経科助手、アメリカ・カールメニンガー精神医学校国際フェローを経て、日本初の心理学ビジネスのシンクタンク、ヒデキ・ワダ・インスティテュートを設立し、代表に就任。国際医療福祉大学教授。一橋大学経済学部非常勤講師（医療経済学）。川崎幸病院精神科顧問。老年精神医学、精神分析学（特に自己心理学）、集団精神療法学を専門とする。著書に『受験は要領　中学受験編』（PHP文庫）『改訂版 中学生の正しい勉強法』（瀬谷出版）他、多数。

【監修者紹介】

堀野 晃（ほりの・あきら）

1958年東京生まれ。千葉大学工学部工業意匠学科（現デザイン工学科意匠系）卒業。東京都中野区にて「そろばん教室　江原速算研究塾」を経営。全国珠算教育団体連合会学習指導要領専門委員。全国珠算教育団体連合会発行『たのしいそろばん』編集委員。（社）日本数学教育学会会員。日本数学協会理事。珠算史研究学会会員。（社）東京珠算教育連盟理事。東京都珠算学校協会理事。著書に『絵でわかる　そろばん』（日東書院）、『考える力がつく!!　数と計算トレーニング』（日東書院）。

「脳力」がぐんぐん伸びる!

やさしい　そろばん入門

2005年9月16日　初版第1刷発行
2019年2月27日　初版第8刷発行

著　者――和田秀樹
装　丁――磯崎守孝
本文デザイン・DTP――浦郷和美
カバー・本文イラスト――ツダ タバサ
発行者――瀬谷直子
発行所――瀬谷出版株式会社
〒102-0083　東京都千代田区麹町5-4
電話03-5211-5775　FAX. 03-5211-5322
印刷所――株式会社フォレスト